U0364628

清华大学优秀博士学位论文丛书

液滴运动相变三维模型

赵富龙（Zhao FuLong）著

Investigation of 3D Model for Droplet Motion and Phase Change

清华大学出版社

北　京

内 容 简 介

本书基于液滴在汽水分离器内的蒸汽环境中的运动相变过程及现象,建立压力变化条件下静止液滴相变模型;结合液滴三维运动模型,引入特征液滴思想,建立多液滴运动相变单向耦合模型;基于温差驱动液滴相变机理,建立有限空间内液滴运动相变双向耦合模型。通过分析单液滴蒸发特性,本书提出液滴蒸发过程的影响域概念,建立考虑影响域的有限空间内液滴运动相变双向耦合模型,并将其应用到安全壳喷淋系统和定容弹的燃油喷雾系统模拟仿真中。

本书适合高校核科学与技术等专业的师生及科研院所相关专业的研究人员阅读,也可供相关领域的技术人员参考。

图书在版编目(CIP)数据

液滴运动相变三维模型/赵富龙著. —北京:清华大学出版社,2020.12
(清华大学优秀博士学位论文丛书)
ISBN 978-7-302-56279-5

Ⅰ. ①液… Ⅱ. ①赵… Ⅲ. ①液滴模型—三维运动—研究 Ⅳ. ①O571.21

中国版本图书馆 CIP 数据核字(2020)第 152966 号

责任编辑:王 倩
封面设计:傅瑞学
责任校对:王淑云
责任印制:宋 林

出版发行:清华大学出版社
　　　　网　　址:http://www.tup.com.cn,http://www.wqbook.com
　　　　地　　址:北京清华大学学研大厦 A 座　　邮　　编:100084
　　　　社 总 机:010-62770175　　　　邮　　购:010-62786544
　　　　投稿与读者服务:010-62776969,c-service@tup.tsinghua.edu.cn
　　　　质量反馈:010-62772015,zhiliang@tup.tsinghua.edu.cn
印 装 者:三河市铭诚印务有限公司
经　　销:全国新华书店
开　　本:155mm×235mm　　印　张:15　　插　页:18　　字　　数:287 千字
版　　次:2020 年 12 月第 1 版　　　　　　印　　次:2020 年 12 月第1次印刷
定　　价:119.00 元

产品编号:086079-01

一流博士生教育
体现一流大学人才培养的高度（代丛书序）^①

人才培养是大学的根本任务。只有培养出一流人才的高校，才能够成为世界一流大学。本科教育是培养一流人才最重要的基础，是一流大学的底色，体现了学校的传统和特色。博士生教育是学历教育的最高层次，体现出一所大学人才培养的高度，代表着一个国家的人才培养水平。清华大学正在全面推进综合改革，深化教育教学改革，探索建立完善的博士生选拔培养机制，不断提升博士生培养质量。

学术精神的培养是博士生教育的根本

学术精神是大学精神的重要组成部分，是学者与学术群体在学术活动中坚守的价值准则。大学对学术精神的追求，反映了一所大学对学术的重视、对真理的热爱和对功利性目标的摒弃。博士生教育要培养有志于追求学术的人，其根本在于学术精神的培养。

无论古今中外，博士这一称号都和学问、学术紧密联系在一起，和知识探索密切相关。我国的博士一词起源于2000多年前的战国时期，是一种学官名。博士任职者负责保管文献档案、编撰著述，须知识渊博并负有传授学问的职责。东汉学者应劭在《汉官仪》中写道："博者，通博古今；士者，辩于然否。"后来，人们逐渐把精通某种职业的专门人才称为博士。博士作为一种学位，最早产生于12世纪，最初它是加入教师行会的一种资格证书。19世纪初，德国柏林大学成立，其哲学院取代了以往神学院在大学中的地位，在大学发展的历史上首次产生了由哲学院授予的哲学博士学位，并赋予了哲学博士深层次的教育内涵，即推崇学术自由、创造新知识。哲学博士的设立标志着现代博士生教育的开端，博士则被定义为独立从事学术研究、具备创造新知识能力的人，是学术精神的传承者和光大者。

---

① 本文首发于《光明日报》，2017年12月5日。

博士生学习期间是培养学术精神最重要的阶段。博士生需要接受严谨的学术训练，开展深入的学术研究，并通过发表学术论文、参与学术活动及博士论文答辩等环节，证明自身的学术能力。更重要的是，博士生要培养学术志趣，把对学术的热爱融入生命之中，把捍卫真理作为毕生的追求。博士生更要学会如何面对干扰和诱惑，远离功利，保持安静、从容的心态。学术精神，特别是其中所蕴含的科学理性精神、学术奉献精神，不仅对博士生未来的学术事业至关重要，对博士生一生的发展都大有裨益。

独创性和批判性思维是博士生最重要的素质

博士生需要具备很多素质，包括逻辑推理、言语表达、沟通协作等，但是最重要的素质是独创性和批判性思维。

学术重视传承，但更看重突破和创新。博士生作为学术事业的后备力量，要立志于追求独创性。独创意味着独立和创造，没有独立精神，往往很难产生创造性的成果。1929 年 6 月 3 日，在清华大学国学院导师王国维逝世二周年之际，国学院师生为纪念这位杰出的学者，募款修造"海宁王静安先生纪念碑"，同为国学院导师的陈寅恪先生撰写了碑铭，其中写道："先生之著述，或有时而不章；先生之学说，或有时而可商；惟此独立之精神，自由之思想，历千万祀，与天壤而同久，共三光而永光。"这是对于一位学者的极高评价。中国著名的史学家、文学家司马迁所讲的"究天人之际，通古今之变，成一家之言"也是强调要在古今贯通中形成自己独立的见解，并努力达到新的高度。博士生应该以"独立之精神、自由之思想"来要求自己，不断创造新的学术成果。

诺贝尔物理学奖获得者杨振宁先生曾在 20 世纪 80 年代初对到访纽约州立大学石溪分校的 90 多名中国学生、学者提出："独创性是科学工作者最重要的素质。"杨先生主张做研究的人一定要有独创的精神、独到的见解和独立研究的能力。在科技如此发达的今天，学术上的独创性变得越来越难，也愈加珍贵和重要。博士生要树立敢为天下先的志向，在独创性上下功夫，勇于挑战最前沿的科学问题。

批判性思维是一种遵循逻辑规则、不断质疑和反省的思维方式，具有批判性思维的人勇于挑战自己，敢于挑战权威。批判性思维的缺乏往往被认为是中国学生特有的弱项，也是我们在博士生培养方面存在的一个普遍问题。2001 年，美国卡内基基金会开展了一项"卡内基博士生教育创新计划"，针对博士生教育进行调研，并发布了研究报告。该报告指出：在美国和欧洲，培养学生保持批判而质疑的眼光看待自己、同行和导师的观点同样非常不容易，批判性思维的培养必须成为博士生培养项目的组成部分。

对于博士生而言，批判性思维的养成要从如何面对权威开始。为了鼓励学生质疑学术权威、挑战现有学术范式，培养学生的挑战精神和创新能力，清华大学在2013年发起"巅峰对话"，由学生自主邀请各学科领域具有国际影响力的学术大师与清华学生同台对话。该活动迄今已经举办了21期，先后邀请17位诺贝尔奖、3位图灵奖、1位菲尔兹奖获得者参与对话。诺贝尔化学奖得主巴里·夏普莱斯（Barry Sharpless）在2013年11月来清华参加"巅峰对话"时，对于清华学生的质疑精神印象深刻。他在接受媒体采访时谈道："清华的学生无所畏惧，请原谅我的措辞，但他们真的很有胆量。"这是我听到的对清华学生的最高评价，博士生就应该具备这样的勇气和能力。培养批判性思维更难的一层是要有勇气不断否定自己，有一种不断超越自己的精神。爱因斯坦说："在真理的认识方面，任何以权威自居的人，必将在上帝的嬉笑中垮台。"这句名言应该成为每一位从事学术研究的博士生的箴言。

提高博士生培养质量有赖于构建全方位的博士生教育体系

一流的博士生教育要有一流的教育理念，需要构建全方位的教育体系，把教育理念落实到博士生培养的各个环节中。

在博士生选拔方面，不能简单按考分录取，而是要侧重评价学术志趣和创新潜力。知识结构固然重要，但学术志趣和创新潜力更关键，考分不能完全反映学生的学术潜质。清华大学在经过多年试点探索的基础上，于2016年开始全面实行博士生招生"申请-审核"制，从原来的按照考试分数招收博士生，转变为按科研创新能力、专业学术潜质招收，并给予院系、学科、导师更大的自主权。《清华大学"申请-审核"制实施办法》明晰了导师和院系在考核、遴选和推荐上的权力和职责，同时确定了规范的流程及监管要求。

在博士生指导教师资格确认方面，不能论资排辈，要更看重教师的学术活力及研究工作的前沿性。博士生教育质量的提升关键在于教师，要让更多、更优秀的教师参与到博士生教育中来。清华大学从2009年开始探索将博士生导师评定权下放到各学位评定分委员会，允许评聘一部分优秀副教授担任博士生导师。近年来，学校在推进教师人事制度改革过程中，明确教研系列助理教授可以独立指导博士生，让富有创造活力的青年教师指导优秀的青年学生，师生相互促进、共同成长。

　　在促进博士生交流方面,要努力突破学科领域的界限,注重搭建跨学科的平台。跨学科交流是激发博士生学术创造力的重要途径,博士生要努力提升在交叉学科领域开展科研工作的能力。清华大学于 2014 年创办了"微沙龙"平台,同学们可以通过微信平台随时发布学术话题,寻觅学术伙伴。3年来,博士生参与和发起"微沙龙"12 000 多场,参与博士生达 38 000 多人次。"微沙龙"促进了不同学科学生之间的思想碰撞,激发了同学们的学术志趣。清华于 2002 年创办了博士生论坛,论坛由同学自己组织,师生共同参与。博士生论坛持续举办了 500 期,开展了 18 000 多场学术报告,切实起到了师生互动、教学相长、学科交融、促进交流的作用。学校积极资助博士生到世界一流大学开展交流与合作研究,超过 60% 的博士生有海外访学经历。清华于 2011 年设立了发展中国家博士生项目,鼓励学生到发展中国家亲身体验和调研,在全球化背景下研究发展中国家的各类问题。

　　在博士学位评定方面,权力要进一步下放,学术判断应该由各领域的学者来负责。院系二级学术单位应该在评定博士论文水平上拥有更多的权力,也应担负更多的责任。清华大学从 2015 年开始把学位论文的评审职责授权给各学位评定分委员会,学位论文质量和学位评审过程主要由各学位分委员进行把关,校学位委员会负责学位管理整体工作,负责制度建设和争议事项处理。

　　全面提高人才培养能力是建设世界一流大学的核心。博士生培养质量的提升是大学办学质量提升的重要标志。我们要高度重视、充分发挥博士生教育的战略性、引领性作用,面向世界、勇于进取,树立自信、保持特色,不断推动一流大学的人才培养迈向新的高度。

清华大学校长

2017 年 12 月 5 日

丛书序二

以学术型人才培养为主的博士生教育，肩负着培养具有国际竞争力的高层次学术创新人才的重任，是国家发展战略的重要组成部分，是清华大学人才培养的重中之重。

作为首批设立研究生院的高校，清华大学自20世纪80年代初开始，立足国家和社会需要，结合校内实际情况，不断推动博士生教育改革。为了提供适宜博士生成长的学术环境，我校一方面不断地营造浓厚的学术氛围，一方面大力推动培养模式创新探索。我校从多年前就已开始运行一系列博士生培养专项基金和特色项目，激励博士生潜心学术、锐意创新，拓宽博士生的国际视野，倡导跨学科研究与交流，不断提升博士生培养质量。

博士生是最具创造力的学术研究新生力量，思维活跃，求真求实。他们在导师的指导下进入本领域研究前沿，吸取本领域最新的研究成果，拓宽人类的认知边界，不断取得创新性成果。这套优秀博士学位论文丛书，不仅是我校博士生研究工作前沿成果的体现，也是我校博士生学术精神传承和光大的体现。

这套丛书的每一篇论文均来自学校新近每年评选的校级优秀博士学位论文。为了鼓励创新，激励优秀的博士生脱颖而出，同时激励导师悉心指导，我校评选校级优秀博士学位论文已有20多年。评选出的优秀博士学位论文代表了我校各学科最优秀的博士学位论文的水平。为了传播优秀的博士学位论文成果，更好地推动学术交流与学科建设，促进博士生未来发展和成长，清华大学研究生院与清华大学出版社合作出版这些优秀的博士学位论文。

感谢清华大学出版社，悉心地为每位作者提供专业、细致的写作和出版指导，使这些博士论文以专著方式呈现在读者面前，促进了这些最新的优秀研究成果的快速广泛传播。相信本套丛书的出版可以为国内外各相关领域或交叉领域的在读研究生和科研人员提供有益的参考，为相关学科领域的发展和优秀科研成果的转化起到积极的推动作用。

感谢丛书作者的导师们。这些优秀的博士学位论文,从选题、研究到成文,离不开导师的精心指导。我校优秀的师生导学传统,成就了一项项优秀的研究成果,成就了一大批青年学者,也成就了清华的学术研究。感谢导师们为每篇论文精心撰写序言,帮助读者更好地理解论文。

感谢丛书的作者们。他们优秀的学术成果,连同鲜活的思想、创新的精神、严谨的学风,都为致力于学术研究的后来者树立了榜样。他们本着精益求精的精神,对论文进行了细致的修改完善,使之在具备科学性、前沿性的同时,更具系统性和可读性。

这套丛书涵盖清华众多学科,从论文的选题能够感受到作者们积极参与国家重大战略、社会发展问题、新兴产业创新等的研究热情,能够感受到作者们的国际视野和人文情怀。相信这些年轻作者们勇于承担学术创新重任的社会责任感能够感染和带动越来越多的博士生,将论文书写在祖国的大地上。

祝愿丛书的作者们、读者们和所有从事学术研究的同行们在未来的道路上坚持梦想,百折不挠!在服务国家、奉献社会和造福人类的事业中不断创新,做新时代的引领者。

相信每一位读者在阅读这一本本学术著作的时候,在吸取学术创新成果、享受学术之美的同时,能够将其中所蕴含的科学理性精神和学术奉献精神传播和发扬出去。

清华大学研究生院院长

2018 年 1 月 5 日

摘　要

　　汽水分离器和安全壳喷淋系统是确保核反应堆安全可靠运行的至关重要的设备。由于分离器和安全壳喷淋系统的工作过程伴随着大量的两相流动和传热传质现象，而气液两相间的相互作用及传热传质行为与反应堆工作性能密切相关，因此，从液滴的运动、相变等微观行为出发，研究液滴运动的相变过程和规律，建立液滴理论模型，对分离器和安全壳喷淋系统的优化和自主化设计具有重要意义。

　　首先，基于汽水分离器中液滴运动相变过程的现象，对压差驱动液滴运动相变过程进行了机理研究。基于分离器中因阻力造成压力降低，使液滴运动蒸发，进而影响分离性能的现象和机理，指出压力变化条件下液滴相变过程包括快速蒸发及热平衡蒸发阶段，并建立了压力变化条件下静止液滴相变模型，绘制了液滴蒸发图谱。结合液滴三维运动模型，建立了液滴运动相变单向耦合模型。

　　其次，基于特征液滴思想，建立了多液滴运动相变三维模型，并将该模型应用到经典波纹板分离器及 AP1000(Advanced Passive PWR 1000)分离器中，从而研究了液滴相变对分离效率的影响。结果表明：正常运行工况下，由于分离器总体处于饱和状态，且分离器的压降较小，可以不考虑液滴相变对分离效率的影响；AP1000 中的旋叶分离器对液滴起主要分离作用，波纹板和下部重力分离空间起次要作用，波纹板入口前的孔板会对分离效率产生一定影响。

　　再次，对温差驱动多液滴运动相变双向耦合过程进行了机理研究。通过分析单个液滴的蒸发特性，提出了蒸发液滴的影响域的概念。并指出在影响域内，液滴的存在会引起气相参数剧烈变化。通过分析影响域的影响因素，给出了影响域半径的表达式。由于现有液滴蒸发模型，存在采用无穷远或来流参数而忽略局部参数变化的问题，因此本书通过建立高效液滴定位和流场信息搜索算法，并考虑液滴周围局部气相参数，引入液滴对局部气相参数的影响，建立了多液滴运动相变双向耦合模型。结合影响域尺寸，将液滴对气相流场的作用源按距离反比权重的方法,加载在影响域内的气相流场中,建立了有限空间内考虑影响域的多液滴运动相变双向耦合模型,可以在一定程度上提高计算的收敛性。

最后,将双向耦合模型应用到安全壳喷淋过程模拟中,与实验对比验证了模型的正确性,分析了安全壳喷淋系统的运行性能,得到了喷淋参数对喷淋性能的影响规律。并将此规律应用到定容弹内燃油喷雾蒸发过程模拟中,验证了此模型具有适用性,从而拓展了该模型的应用范围。

关键词:液滴运动相变;双向耦合;影响域;汽水分离;安全壳喷淋

Abstract

The steam-water separator and the containment spray system are vital important equipment of the nuclear power plant. There are many two-phase flow and heat and mass transfer phenomena during the operation process of the steam-water separator and the containment spray system. The interactions between the two phases and the characteristics of heat and mass transfer are closed related with the working performance of the reactor. Therefore, it is necessary to analyze the microscopic phase change behaviour of the moving droplet, figure out the phase change mechanism, develop the reliable and precise droplet phase change model during motion. It can lay basis for the design and optimization of the steam-water separator and containment spray system, which is sufficiently important for the autonomous design of the nuclear power equipment of our country.

Initially, the mechanism and modeling investigations are conducted, based on the phenomena of the pressure difference driven droplet phase change process during moving in the steam-water separator. When the droplet moves in the steam-water separatorentrained by the steam stream, the pressure decreases continuously due to the flow resistance or the local structure change though the steam and the droplet are almost in saturated status, which can influence the heat and mass transfer characteristics of the droplet, consequently affecting the separation performance of the separator. The droplet phase change process under the pressure variation condition is divided into two stages including the rapid evaporating stage and the thermal balance evaporating stage, based on which the stastic droplet phase change model for variable pressure condition is developed and the droplet evaporation map is drawn. The droplet phase change model during motion is put forward combining the three dimensional droplet motion model.

Secondly, the multi-droplets phase change model during motion is developed based on the representative droplet concept, which is applied to the simulation of the traditional wave-type vanes separator and the whole separator of AP1000 (Advanced Passive PWR 1000) to investigate the separation performance of the separator and the influence of the droplet phase change on the separation efficiency. The results reveal that the pressure drop of the separator is much less than the critical pressure difference under the normal operating condition and the influence of the droplet phase change on the separation efficiency can be neglected under the normal operating condition. The swirl-vane separator of AP1000 plays the primary role in the separation of the entrained droplets in the steam flow; next it is the wave-type vanes separator; and finally it is the lower gravity separation space. The orifice plate in the front of the wave-type vanes separator can influence the separation efficiency of the separator.

Then, the mechanism and modeling investigations are carried out on the temperature difference driven droplet phase change process. The concept of the influence region for the evaporating droplet is put forward based on the analysis of the single droplet evaporation characteristics in the hot air. Within the influence region, the parameters of the gas surrounding the droplet change dramatically due to the droplet evaporation and the heat and mass transfer with the surrounding gas. Numerous simulations are performed to analyze the influence factors of the influence region. The expression of the radius of the influence region over those parameters is obtained. Considering that the present droplet evaporation models adopt the gas parameters in the infinity or that of the incoming flow and neglect the influence of the local parameters variation on the droplet motion and phase change, this research develops the multi-droplets phase change model during motion with two-way coupling in the finite space taking into account the local flow field variation and the effect of the droplets on the surrounding gas phase. Combining the radius of the influence region, a new approach to impose the source terms to the meshes within the influence region by inverse distance square weighting algorithm to describe the interactions between two phases is presented, and the multi-droplets phase change model during motion with two-way coupling considering the influence region is developed, which can improve the convergence of the computation and increase the simulation precision.

Finally, the two-way coupling model is applied to the simulation of the operating performance of the containment spray system. The model is validated by comparing the numerical results with the experimental ones. The analysis of the operation performance of the containment spray system is conducted, and the influence of the spraying parameters on the spraying performance is obtained. Furthermore, the model is extended to the simulation of the fuel oil spray and evaporating process in the constant volume bomb to extend the application field of the model, which also verifies the applicability of the two-way coupling model.

Key words: droplet phase change during motion; two-way coupling; influence region; steam-water separation; containment spray system

主要符号对照表

a	热扩散系数(m^2/s)
$\boldsymbol{a}$	液滴加速度(m/s^2)
A_r, A_{nr}	液滴表面和距离液滴中心 nr 位置处圆球表面积(m^2)
B_M	Spalding 传质数
c	压力波波速(m/s)
C	空间参数
c_p	定压比热容($\text{J}/(\text{kg}\cdot\text{K})$)
C_D	曳力系数
C_M	转矩系数
C_{Ma}	Magnus 升力系数
C_{Sa}	Saffman 升力系数
D_v, D_{AB}	扩散系数(m^2/s)
E	能量(J)
F	力(N)
$\boldsymbol{F}_A$	附加质量力(N)
$\boldsymbol{F}_B$	浮力(N)
$\boldsymbol{F}_D$	流动曳力(N)
$\boldsymbol{F}_G$	重力(N)
$\boldsymbol{F}_M$	Magnus 升力(N)
$\boldsymbol{F}_S$	Saffman 升力(N)
$\boldsymbol{F}_V$	体积力(N)
$\boldsymbol{g}$	重力加速度(m/s^2)
G	质量流密度($\text{kg}/(\text{m}^2\cdot\text{s})$)
h	对流换热系数($\text{W}/(\text{m}^2\cdot\text{K})$)
I	转动惯量($\text{kg}\cdot\text{m}^2$)
J_i	组分 i 的质量通量($\text{kg}/(\text{m}^2\cdot\text{s})$)

L	网格边长（m）
Le	路易斯数
m	液滴质量（kg）
m_i	单个网格传质速率（kg/s）
$\dot{m}$	蒸发速率（kg/s）
M	摩尔质量（g/mol,kg/mol）
$\boldsymbol{M}$	流场对液滴作用的合力矩/转矩（N·m）
nr	距离液滴中心 n 倍液滴半径 r 位置处（m）
N,N_x,N_v,N_r	液滴群总组数、按照 $\boldsymbol{X}$、$\boldsymbol{V}$、r 三个变量进行的液滴分组数
Nu	努塞尔数
p	压力（Pa,MPa）
p_g	气体或蒸汽压力（MPa）
p_1	与 T_l 对应的饱和压力（MPa）
p_r	液滴表面压力（MPa）
P_{nr}	nr 位置处流体压力（MPa）
Pr	普朗特数
Q	热流量（W）
Q'	喷淋流量（g/s）
r,r_0	液滴或空间半径、液滴初始半径（μm,m）
r^*	无量纲液滴半径，$r^*=r/r_0$
$\dot{r}_{Total}$	液滴半径总变化率（m/s）
$\dot{r},\dot{r}_{property}$	由于液滴蒸发、物性参数改变造成的半径变化率（m/s）
R	气体常数（J/(mol·K)）
Re_d	液滴雷诺数
Re_G	剪切雷诺数
RH	相对湿度
R_{if}	影响域半径（m）
R^*	无量纲影响域半径，$R^*=r/R$
Sc	施密特数
S_E	能量源项（W/m³）
Sh	舍伍德数
S_i	组分源项（kg/(m³·s)）

S_m	质量源项(kg/(m³ · s))
t, t_1, t_2, t_3	时间(s)
T	温度(K,℃)
T_d, T_{d0}	液滴温度、液滴初始温度(K,℃)
T_l	液相温度(K,℃)
T_g	气体或者蒸汽温度(K,℃)
T_{nr}	nr 位置处流体温度(K,℃)
t_p	压力传播时间(s)
T_r	液滴表面温度(K,℃)
T_w	壁面温度(K,℃)
$\boldsymbol{u}(t), \boldsymbol{v}$	气体或者蒸汽速度(m/s)
$\boldsymbol{V}, \boldsymbol{v}(t)$	液滴速度(m/s)
V	单个网格的体积(m³)
V_{cell}	网格的体积(m³)
$V_{interface}, V_{total}$	汽液界面网格的总体积(m³)
v_r, v_{nr}	液滴表面和距离液滴中心 nr 位置处蒸汽的速度(m/s)
$\boldsymbol{V}_r$	蒸汽和液滴的相对速度(m/s)
v_v	蒸汽比容(m³/kg)
V_x	x 方向液滴速度(m/s)
$\boldsymbol{X}, \boldsymbol{x}(t), x$	空间位置、液滴位移、x 方向坐标值(m)
Y	气体组分的质量分数
y	y 方向坐标值(m)
Y_i	组分 i 的质量分数
Y_v	蒸汽质量分数
z	z 方向坐标值(m)
α	蒸发冷凝系数或网格内液滴相体积份额
β	系数,$\beta = \text{Re}_G / \text{Re}_d$
κ	绝热指数
ε	公式的指数
ρ	密度(kg/m³)
ρ_d	液滴密度(kg/m³)
ρ_f	流体密度(kg/m³)

ρ_r	液滴表面蒸汽密度(kg/m^3)
ρ_{nr}	nr 位置处蒸汽密度(kg/m^3)
ρ_v	蒸汽密度(kg/m^3)
ρ_s	液滴表面液膜的混合物密度(kg/m^3)
$\boldsymbol{\Omega}$	流场旋度$\boldsymbol{\Omega} = \nabla \times \boldsymbol{u}$($s^{-1}$)
$\boldsymbol{\omega}$	液滴旋转速度(rad/s)
ξ	压力损失系数
ζ	面传质速率与体积传质速率的转换系数
ξ_t	蒸发时间修正因子
ξ_Y	蒸汽质量分数修正因子
ξ_P	压力修正因子
ν	流体运动黏度(m^2/s)
γ	汽化潜热(J/kg)
μ, μ_f	流体动力黏度($kg/(m \cdot s)$)
μ_d	液滴动力黏度($kg/(m \cdot s)$)
$\lambda_1, \lambda_2, \lambda_3, \lambda_4, \lambda_5$	归一化系数
λ	导热系数($W/(m \cdot K)$)
Σ_A, Σ_B	物质 A 和物质 B 的摩尔体积(m^3/mol)
τ	时间常数(s)
τ_1, τ_2	时间步长(s)
η	分离效率(%)
η_{no}	不考虑液滴相变时的分离效率(%)
P_∞	无穷远处环境压力(MPa)
$\Delta p, \Delta P$	压降/压差(Pa, MPa)
Re	雷诺数
Re_ω	转动雷诺数
$(R_\mu)^2$	内部环流系数
$S_{m.\alpha.}$	质量源项($kg/(m^3 \cdot s)$)
T_∞	无穷远处流体温度($K, ℃$)
ΔT	温差($K, ℃$)
Y_∞	无穷远处蒸汽质量分数

注：如文中对符号另有说明，以文中说明为准。

目　录

第1章 绪 论

1.1 研 究 背 景

目前世界范围内的能源利用仍以煤、石油、天然气等化石燃料为主,而化石燃料储量有限,会导致环境污染、气候变暖等问题,优化现有的能源结构、发展绿色可持续能源是世界可持续发展的重要举措之一[1]。

中国共产党第十九次全国代表大会报告明确将"加快生态文明体制改革,建设美丽中国"作为重点提出[2],要坚持绿色发展,坚持环境保护,坚持生态文明建设,建设中国特色社会主义现代化。由于核能应用具有不产生温室气体、不会造成空气污染、能量密度高、安全高效等优点,因此大力发展核能符合我国倡导的绿色发展理念。

我国核电发展坚持走"引进来"和"走出去"相结合的战略。"引进来"要首先引进国外的先进技术,通过学习消化、吸收再自主创新创造。"走出去"是在自主创新创造的基础上打造具有自主知识产权的核电品牌,不断对外出口,需要充分掌握核动力装置设计、加工和制造的各个环节的设计方法和生产技术,突破国外对核能技术的垄断。另外,目前核电正朝着商用电站的大型化和船用核动力装置的小型化趋势发展,新设计制造的核动力装置必须具有更紧凑的空间、更高的性能,核能的发展需要不断加快核动力装置系统的自主化研发进程。因此,需要进一步深入研究核动力装置的工作原理、运行机理、设计方法和加工制造技术,进一步实现核能自主化设计。

核动力装置的蒸汽发生器中的汽水分离装置由汽水分离器及相应的辅助设备组成,其中,汽水分离器的汽水分离性能对核电站安全、经济、高效、可靠运行会产生至关重要的影响。商用核电站蒸发器功率增加的需求及船用或者海上核动力装置的空间紧凑的需要,要求设计者设计具有更高的分离性能的汽水分离系统,以提供更高的蒸汽参数,保证在更高的工作压力、蒸汽负荷下系统能提供更高干度的蒸汽[3]。关于汽水分离器的设计,至今,大多数研究者是依据实验研究结果获得汽水分离器的效率、压降等参数,到目前为止还没有一套完整的数学模型或者商用软件可以详细描述或者模拟汽水分离器的分离机理和运行过程,为此,可以通过对液滴运动和相变的微观行为进行分析总结,研究液滴在蒸汽中运动的分离和相变过程机理,研制一套成熟、准确、适用于工程设计的汽水分离器开发和设计程序。

安全壳喷淋系统是压水堆核电站中非常重要的专用安全设施,在核电站发生主蒸汽管道破裂或者失水事故时,通过直接喷淋或者再喷淋两种方式向安全壳空间内部喷洒添加化学药物的低温含硼水,使喷洒出的液滴与安全壳内部的高温气体对流传热传质,即可降低安全壳内的温度和压力,同时降低安全壳内放射性物质和氢气的浓度,确保安全壳完整[4]。安全壳喷淋系统的使用能够避免放射性物质进入大气中,其性能直接关系到压水堆核电站第3道安全屏障的完整性。实际情况下,核电站发生主蒸汽管道破裂或者失水事故时,安全壳内会伴随着蒸汽的不断产生、热量不断进入的现象,喷淋系统的运行过程包含液滴和液膜蒸发、蒸汽冷凝、产氢除氢、放射性物质的产生与去除以及与安全壳壁面和液膜的换热等复杂的现象。目前对安全壳喷淋中液滴与周围气体的作用机理和过程还不是十分明确,数值模拟结果和实验值之间会存在一定误差,因此,需要从安全壳喷淋系统中液滴的微观运动、相变行为和机理出发,弄清楚安全壳喷淋系统的运行原理和工作过程,进而研究安全壳喷淋系统的性能特点,设计出高效、可靠、具有自主知识产权的安全壳喷淋系统。

综上所述,商用核电站大型化和海上核动力装置小型化的发展都要求汽水分离器和安全壳喷淋系统必须具有更可靠、更高的性能以及更紧凑的空间,确保在更恶劣的工作条件下仍能具有较高的运行性能。因此,研究液滴在运动过程中的相变过程和机理,设计更加安全高效的汽水分离器和安全壳喷淋系统具有非常重要的理论和实践意义。

1.2　汽水分离研究现状

汽水分离器内的蒸汽携带液滴流动为典型的弥散汽液两相流动,其中包含了大量复杂的物理现象,涵盖了液滴的产生、运动、碰撞等现象,大量的研究者通过实验、理论分析和数值计算针对汽水分离器的机理、设计展开研究。下面分别从液滴的产生、运动以及碰撞和消亡三个方面对汽水分离的研究情况进行介绍。

1.2.1　液滴产生机理研究现状

蒸汽发生器中液滴的产生方式多种多样,按照产生机理可以划分为两种[5]: 液流或者液柱被机械打碎和气泡在蒸发液面破裂而产生液滴。机械打碎产生的液滴主要包括气流撕破液膜产生的卷吸液滴、原液滴聚并或者颈部断裂产生的新液滴、液滴撞击管道壁面或者液膜产生的液滴等等; 气泡破裂产生的液滴又可以分为两种: 喷射液滴和膜液滴。

马超[1]通过高速摄像和熟宣纸纸筒技术开展实验,研究了自由液面上气泡破裂产生膜液滴的现象,获得液滴数量、尺寸、速度分布等信息,结合理论分析建立了气泡破裂产生膜液滴模型,并将该模型运用到蒸汽发生器中估算膜液滴的数量等信息。

1.2.2　液滴运动机理研究现状

在汽水分离器中,液滴的运动特性研究主要包括液滴的受力、运动轨迹、速度等,这些因素会直接影响汽水分离器的分离性能和压降特性。研究内容主要涉及液滴的运动轨迹追踪、分离器的分离效率和压降等方面的机理。

1984 年丁训慎等[6]利用空气-水混合物对圆形波纹板分离器进行了冷态工况试验,指出其具有良好分离性能,受蒸汽负荷影响较小。1988 年丁训慎等[7]完成了蒸发器汽水分离器空气-水冷态工况下的选型试验,得到了旋叶分离器、圆形波纹板分离器最佳的参数,并利用高温高压水为介质的试验台进行了热态工况下的考核试验。上海核工程研究设计院对秦山核电站蒸发器中的汽水分离器设计作出了重要贡献。沈长发等[8]和陈杏根等[9]分别在 1986 年和 1989 年通过空气-水冷态工况下的选型试验设计了秦山核电站 3 级汽水分离装置,第 1 级为旋叶分离器,第 2 级为带钩的波纹板分离器,干燥器为双层四边形的带钩波纹板。1988 年西南反应堆工程研究设计院的刘世勋[10]给出了液滴重力分离机理,并给出了液滴的运动方程,得到了可携带的最大液滴半径和液滴速度的关系式。1989 年薛运煌等[11]采用水-空气进行冷态试验对带钩波纹板分离器的分离性能进行研究,给出了最佳波纹板分离器的结构尺寸。哈尔滨工程大学在波纹板汽水分离器方面做了大量的研究。1992 年庞凤阁等[12]通过牛顿第二定律追踪液滴、无量纲流函数-涡量方程模拟流场,提出了波纹板分离过程中液滴运动的简化模型。1992 年于瑞侠等[13]利用冷态实验测量了尖角型、圆形波纹板的流动阻力和分离效率,指出各种形式的板式分离器都存在一个最佳的板间距。另外,2005

年田瑞峰等[14]应用颗粒动力学模型数值研究了波纹板内液滴的运动轨迹。

　　1994 年日立公司 Saito 等[15]对旋叶汽水分离器中汽液两相的环状离散流动中的液滴行为进行了研究,开发了蒸汽流动分析和液滴轨迹分析模型,在考虑离心力和流动曳力的作用下建立了液滴的运动模型,将液滴加入事先计算好的蒸汽流场中,结果表明带有旋叶的分离器的捕捉系数远远高于没有旋叶的捕捉系数,蒸汽的湿度对液滴的捕捉影响较小,是由于斯托克斯数基本不变。1995 年哈尔滨七零三研究所的吕以波等[16]通过实验研究设计了新型汽水分离器,减少了分离器的空间,降低了耗材。1997 年华中理工大学陈韶华等[17]对压水堆蒸发器的蒸汽干燥器进行了波数和疏水槽改进,1998 年陈韶华等[18]又通过分离流动模型数值计算得到了波纹板分离器中液滴的轨迹和汽水分离效率。2001 年陈韶华和黄素逸[19]实验研究了在压水堆蒸发器中一次和二次分离器中安装挡水器对分离效果的影响,指出加装挡水器可以提高汽水分离效率。2002 年华南理工大学的潘朝群等[20]通过液滴分布函数研究了多液滴群的运动特征。2006 年陈军亮等[21,22]通过空气-水进行冷态工况试验研究了商用压水堆核电站中的汽水分离器性能,指出干燥器的最佳结构为从入口到出口宽度递减的双钩波纹板。2006 年黄伟等[23]采用两相流模型模拟了一级旋叶汽水分离器中的两相流动特性,获得了分离器中汽水两相流动的相关细节。2007 年李嘉等[24]通过冷态工况实验研究了双钩波纹板的分离效率,指出分离器中液滴平均粒径为 65 μm,得到了效率变化的无量纲表达式。同年 Li Jia,Huang Suyi 等[25]通过液滴运动模型并结合液滴碰撞数值模型研究了波纹板的分离性能。2008 年李嘉等[26]通过空气-水冷态工况试验对比了无钩、单钩和双钩 3 种形式的波纹板分离器的分离效率,获得了分离效率的经验关系式,指出双钩波纹板性能最优,在流速较高时会产生二次液滴使效率下降。2007 年清华大学的 Yue Dongbei 等[27]对浸没式蒸汽发生器中汽水分离的重力分离机理进行了分析,提出了重力分离模型 GSM,并给出了解析解,结果发现,小液滴可以达到一个稳定的速度并最终离开蒸发器,大液滴一般落回到液面;对于特定直径的液滴,蒸汽流速越慢,液滴达到稳定终速度越快;蒸汽流速越快,悬浮液滴的直径越大。2007 年中国航空工业空气动力研究院的陈宝等[28]通过欧拉方法求解流场、拉格朗日方法追踪液滴运动,数值模拟了液滴运动与碰撞特性。2008 年德国航空中心的 Eck 等[29]分别测试了旋风分离器和百叶窗分离器的压降和分离效率等特性,发现百叶窗分离器的压降系数明显低于同等条件下的旋风分离器的压降系数,百叶窗分离器的分离效率明显高于同等条件下的旋风分离器的分离效率。2009年神户大学的 Kataoka 等[30]对沸水堆汽水分离器中溢流环装置的分离性能进行了水和空气模拟实验研究,用微分压力传感器和粒子多普勒测速仪来测定压降和液滴的直径分布与速度,结果发现,分离器的性能主要取决于溢流环与围筒壁面之间的间隙,几乎不受溢流环的形状影响。

2010 年肖立春等[31]通过纤维过滤方法进行了汽水分离器冷态实验条件下的分离效率测量,指出增大折边长度对汽水分离效率影响不大。2012年赵兴罡和李亚奇[32]根据重力、离心和膜式分离等的相关原理设计出了球形的汽水分离器来达到井底蒸汽品质要求,蒸汽干度达到 95% 以上。

清华大学核能与新能源技术研究院的张谨奕[33]对液滴运动过程中的受力进行了较为完善的分析,考虑了重力、气体的浮力、流场的压力梯度、气体的曳力、Magnus 力、附加质量力、Basset 力、湍流脉动力、热泳力、Saffman 升力等作用,建立了较为全面细致的三维液滴运动模型,研究了边界层对于蒸汽流场的影响,提出了边界层结构的概念,并应用到波纹板中以进行模拟液滴运动、模拟高温气冷堆中装卸料系统弯管内石墨颗粒的运动特性、燃煤火电厂中烟囱排放颗粒物的运动等实际工程计算。与此同时,清华大学核能与新能源技术研究院的李雨铮[34]通过欧拉-拉格朗日方法进行数值模拟研究了波纹板式分离器中的气液两相流,气相计算采用大涡模拟湍流模型替代雷诺平均模型,湍流分为两种尺度,大尺度涡采用直接数值进行求解,小尺度涡通过湍流脉动进行建模,并采用这种方法得到了流场的细节。

1.2.3　液滴碰撞和消亡机理研究现状

液滴之间的碰撞、液滴与液膜之间的碰撞、液滴和壁面的碰撞等会使汽水分离器中产生二次液滴或者使液滴被分离出汽水分离器,二次液滴会进一步影响分离器的分离性能。

1979 年 Zhitlo 等[35]在大气压下采用空气-水对管式分离器和百叶窗式分离器进行了冷态模拟实验,实验结果发现,管式分离器的阻力比百叶窗式分离器要大 10%~12%,管式分离器的效率比百叶窗式分离器效率更高,二次携带临界速度也比百叶窗式分离器的更高,分析认为主要是管式分离器的库塔杰拉兹准则数比百叶窗式的要大。1992 年哈尔滨工程大学的庞凤阁等[12]通过计算指出冷态工况条件下,当气液的流速大于一定数值后流动阻力快速增加,但是分离效率并不增加,揭示了二次液滴的产生。1993年和 1998 年 Nakao[36,37]利用空气-水实验研究了沸水堆蒸汽干燥器的波纹板的液滴分离特性,通过相位-多普勒仪测定了液滴直径的分布,结果表明在波纹板出口处会产生在入口段不存在的直径小于 10 μm 的小液滴,经韦伯数的临界值分析认为此种小液滴由液滴碰撞产生;大部分液滴都是在前两个波纹板中分离出来的;Nakao 在进行二次携带的分析过程中提出了以下 4 种产生二次携带的模型,分别为蒸汽的曳力携带、液滴的破碎、液膜的破碎和液滴撞击液膜。1995 年德国埃尔朗根-纽伦堡大学的 Mundo 等[38]实验研究了液滴撞击光滑和粗糙壁面后的变形和破裂过程,统计得到了二次液滴的分布特征,表明液滴的流体特性和运动学特性不是影响二次液滴直径分布的主要因素,壁面的无量纲粗糙度才是影响二次液滴直径分布的主要因素。1996 年普林斯顿大学的 Qian 和 Law[39]实验研究了双液滴碰撞的机理,将液滴碰撞结果分为 4 类:液滴碰撞反弹、聚合、反射分离和摩擦分离(拉伸分离)。1997 年意大利贝尔加莫大学的 Cossali 等[40]实验研究了液滴撞击湿润壁面后产生的飞溅射流的过程,得到了液滴的飞溅图像和射流数目分布。1999 年德国罗伯特·博世有限公司的 Samenfink 等[41]对液滴与受剪切流动驱使的液膜的碰撞过程进行了研究,测试了不同的液滴出射角度情况下的碰撞过程,给出了二次液滴的直径和速度分布及质量份额。2002 年佛罗里达大学的 Francois 和 Shyy[42]以及 Armster 等[43]在综述中分别就液滴碰撞过程中的能量转换过程进行了阐述,给出了能量守恒方程。2003 年山东胜利石油管理局的徐光明等[44]在对液-液型式水力旋流器内的液滴破碎现象进行分析的基础上,指出流场的湍流流动是引发液滴破碎的重要原因。华中科技大学近年来在波纹板分离器方面做了大量工作,尤其在二次携带方面的研究逐步深入。2002 年华中科技大学的高彦栋等[45]指出波纹板分离器中产生液滴飞溅时,液滴直径超出了其主要直径分布区域,证明了二次液滴的存在。2004 年和 2005 年王晓墨和黄素逸[46-47]通过实验研究了单钩、双钩波纹板分离器的分离性能,证明了二次液滴的存在,并给出了分离效率变化的经验关系式。2006 年王晓墨和黄素逸[48]采用考虑了二次液滴的两相流模型,模拟了无钩波纹板中液滴运动行为,得到了二次液滴产生的临界判据。

2005 年西北工业大学的李强等[49-50]根据 SPH(光滑粒子流体动力学)方法建立了考虑液滴碰撞、聚合的数学模型。2005 年华中科技大学的魏明锐等[51]根据随机碰撞模型建立了考虑液滴相互碰撞反弹、聚合、反射分离和拉伸分离的液滴碰撞模型。2006 年华中科技大学的张辉亚等[52]给出了考虑交错网格的液滴碰撞模型。2007 年北京工业大学的刘华敏[53]通过

VOF 方法对液滴碰撞不同种类的基面行为进行研究,指出低速碰撞过程中可能会产生空气夹带现象,高速碰撞过程会由于液滴动能较大产生飞溅现象。2013 年大连理工大学的陈石等[54]基于液滴受力分析建立了液滴碰撞固体壁面的振荡模型,给出了铺展半径随时间变化的振荡关系式,指出液滴碰壁振荡形态主要有铺展沉积、回弹、振荡、破碎等,可以将振荡过程等效为弹簧振子的振荡过程。2011 年大连理工大学的刘红等[55,56]通过 VOF 方法研究了液滴碰撞壁面和多孔介质时形成的液膜和液膜破碎等行为,指出多孔介质的结构特殊性,会使液滴碰撞壁面后出现液膜沿着壁面铺展并且跳出边界而进一步产生二次雾化的现象。2012 年大连理工大学的贾小娟[57]将 VOF 和 Level Set 方法结合模拟双液滴撞击液膜演化的过程,指出多液滴之间会相互影响。2013 年西安交通大学的张彬等[58]利用 VOF 方法研究了液滴速度、接触角、直径对碰撞力演化过程的影响,指出碰撞力最大值出现在碰撞过程中的铺展阶段。2014 年西北工业大学的夏盛勇和胡春波[59]通过 VOF 方法数值模拟了双液滴对心碰撞,得到了反弹、聚合、自反分离三种碰撞结果。2014 年大连理工大学的徐宝鹏和 Wen Jennifer[60]依据粒子云思想建立了喷雾粒子间的碰撞模型来降低网格尺寸对碰撞的影响。

　　清华大学核能与新能源技术研究院的张帆等[61]为了了解液滴与壁面碰撞过程以建立合理的液滴消亡模型,利用液滴碰撞试验台和高速摄像技术研究了液滴碰撞不同亲疏水表面的过程,得到了液滴撞击不同壁面条件下的自身形态变化。张璜[62]基于已有的双液滴碰撞结果,提出了较为完整的判别双液滴碰撞机制的判据,并详细给出了碰撞后产生的液滴尺寸、数量和速度等表达式,建立了完整的液滴在运动过程中的碰撞模型,并进行了拓展应用。

1.2.4　汽水分离研究现状总结

　　核电站蒸发器的汽水分离器中,涉及大量复杂的气液两相流动现象,包括液滴产生、蒸汽携带液滴运动、液滴之间相互碰撞、液滴与液膜和固体壁面间碰撞、液滴消亡、液滴相变等。很多学者针对汽水分离特性展开了大量研究,一部分研究者对汽水分离器中蒸汽携带液滴运动碰撞等细节过程进行了机理解释,但针对汽水分离器中的分离机理的系统研究较少[30]。大多数研究者都是通过实验研究来获得汽水分离器的分离效率、压降等参数,至今还没有一套完整的数学模型可以用来直接研究汽水分离性能,并且随着蒸发器负荷和蒸汽参数的提高,必须提高分离器的分离性能,而其中涉及的物理现象更为复杂,为此,本书提出一种从液滴微观行为进行汽水分离机理研究方法,包括液滴产生[1]、运动[33]、碰撞[62]、消亡及相变[3,63-66]等机理。在核电站的汽水分离器中,虽然水蒸气、液滴总体为饱和状态,但是在蒸汽携带液滴不断运动的过程中,由于管道流动阻力或者局部结构的改变造成在液滴和蒸汽运动过程中液滴周围压力不断降低,可能会影响液滴的传热、传质特性,液滴不断蒸发过程中尺寸不断减小,更容易逃逸出汽水分离器,进而影响汽水分离器的汽水分离特性。目前,已经公开发表的关于汽水分离器方面的文献资料,大多数是关于液滴产生、运动、碰撞和消亡方面的研究,在汽水分离器中液滴的传质方面还没有公开发表的文章,因此十分有必要对汽水分离器中液滴被蒸汽携带过程中的传热传质特性进行研究,弄清楚液滴蒸发对汽水分离器分离性能的影响。

1.3　安全壳喷淋系统的研究现状

1.3.1　安全壳喷淋理论和实验研究

安全壳喷淋系统是压水堆核电站中非常重要的专设安全设施,当核电站发生主蒸汽管道破裂或者失水事故时,通过直接喷淋或者再喷淋两种方式向安全壳空间内部喷洒添加化学药物的低温含硼水,喷洒出的液滴与安全壳内部的高温气体对流传热传质,从而降低安全壳内的温度和压力,同时降低安全壳内放射性物质和氢气的浓度,确保安全壳的完整性。朱杰等[4]介绍了国内压水堆核电站中的安全壳喷淋系统的工作方式和实验结果。叶晓丽等[67]在标准法规基础上融入以往核电站的设计以及施工经验,总结了安全壳喷淋系统的布置和设计方法。王琳[68]使用固体磷酸三钠替代氢氧化钠溶液以除去安全壳中泄漏的碘和放射性气体。谭曙时等[69]采用PASCO试验装置试验研究了非能动安全壳冷却系统的热工水力性能。侯涛和周忠秋[70]根据AP1000安全壳喷淋系统环管冲洗试验给出了环管冲洗方案。郭建娣[71]采用辐射和对流换热、喷淋模型构造了非能动安全壳冷却系统缩比几何模型进行了安全壳外流场的分析。

Male等[72-75]针对安全壳喷淋展开了大量的研究,进行了一系列安全壳喷淋基准实验(TOnus Qualification ANalytique,TOSQAN),主要包括气体组分为空气-蒸汽混合物的 Test 101 实验和气体组分为空气-蒸汽-氢气混合物的 Test 103 实验,基准实验装置的体积约为 7 m³,实验中布置超过150 个热电偶测量温度变化,采用 LDV(laser doppler velocimetry)和 PIV (particle image velocimetry)测速,Raman 光谱测量蒸汽体积份额。其中装置上部壁面为蒸汽冷凝区,用于冷凝安全壳内的水蒸气;装置顶部为喷嘴,向安全壳内喷淋出一定尺寸的液滴,用于模拟安全壳喷淋,下部为蒸汽喷射管,向安全壳内喷洒水蒸气,用于产生湿蒸汽并模拟壁面蒸汽冷凝[76]。实验结果指出,在喷淋开始前,由于混合气体的密度不同会在喷淋装置中产生气体分层现象,而液滴喷淋会在一定程度上打破分层,液滴喷淋开始的一段时间内会由于液滴蒸发剧烈引起容器内的水蒸气快速增加,压力也相应增加,之后由于温度降低和蒸汽冷凝占据主导会使容器内的压力逐渐降低,最终达到相对平衡。

Porcheron 等和 Ding 等[77]对喷淋基准实验装置 TOSQAN 的换热和蒸发特性进行了较为深入的研究,采用 LDV 和 PIV 测量得到了液滴喷淋的流场和液滴的尺寸分布,得到了喷淋过程中流速、气体温度和组分浓度的变化细节,对气溶胶的去除方法特性进行了实验研究。Porcheron 等[78]和 Jain 等[79]对印度 700 MW 重水堆的安全壳喷淋系统进行了实验研究,模拟了常温常压下饱和蒸汽含碘蒸汽注入过程,测量了瞬态温度、压力分布以及碘的含量变化,研究了索特平均直径对喷淋特性的影响;研究了压力旋流喷嘴喷雾特性,得到了雷诺数、喷雾角、液滴大小分布。Yuan 等[80]分析了当发生严重事故时中国 1 000 MW 核电站安全壳降压和通风策略,结果指出当容器喷雾不能启动时,降压策略通过安全壳过滤排气系统可以减少释放到环境中的放射性物质。Lemaitre 等[81]通过基准实验装置研究了不同喷雾质量流率对喷淋过程中的传热和传质特性的影响。

1.3.2　安全壳喷淋数值模拟研究

赵丹妮等[82]采用压水堆核电站安全壳喷淋系统中水锤效应评价方法,计算了水锤效应的瞬态力,指出水锤瞬态力引起的管道位移很小,在管道支吊架的承受范围以内。尤伟等[83]采用 ASTEC 程序分析了反应堆喷淋系统的喷淋模式对蒸汽发生器完全失去给水时的严重事故进程和放射性物质扩散的影响。薛润泽[84]借鉴 MELCOR 软件建立了安全壳喷淋中液滴蒸发过程的数学模型,通过仿真研究了严重事故条件下安全壳喷淋系统的性能。刘家磊等[85]通过对流传热和传质关系式研究了发生反应堆冷却剂丧失事故时的喷淋液滴特性,获得了喷淋液滴与周围环境的传热和传质特性,但是仅仅考虑液滴的传热传质,没有考虑安全壳内流场的变化,模型较为简单。黄政[86]通过一维均相流模型模拟了非能动安全壳冷却系统的瞬态响应过程,分析了流动换热特性,指出非能动安全壳系统可以在喷淋系统故障情况下有效地实现安全壳降温。侯炳旭等[87,88]采用低马赫数方法并将复合器模型添加到计算流体力学程序 HYDRAGON 中,数值模拟了空气射流后破坏氢气分层现象。另外,侯炳旭等[89]将壁面冷凝模型添加到计算流体力学程序 HYDRAGON 中,进行了核电站严重事故发生时安全壳内水蒸气壁面冷凝过程模拟,指出壁面冷凝会带来两方面影响:一是减少了安全壳内水蒸气含量,降低了安全壳内压力,但是使不凝气体的比例升高;二是壁面冷凝现象增强了壁面对流换热,抑制了安全壳顶部稳定氢气分层的形成,在一定程度上降低了氢气爆炸的风险。Yu 等[90]指出模型不确定性是影响 AP1000 非能动安全壳冷却系统可靠性的一个重要因素,基于实验数据的努塞尔特数进行了非能动安全壳冷却系统的不确定性评估。Xiao 等[91]采用一个三维全速计算流体力学程序 GASFLOW 来预测安全壳喷淋过程中流体动力学、化学动力学、传热传质、气溶胶运输和其他相关现象,回顾了最近 GASFLOW 程序开发、并行计算、验证和应用。Wang 等[92]采用 FLUENT 中欧拉模型研究了 AP1000 非能动安全壳冷态中的降膜蒸发和自然对流过程。Nichols 等[93]整体介绍了 GASFLOW 程序中数学模型的具体来源和表达式,以及其中关于液滴在气体、气溶胶中蒸发燃烧和扩散过程中的应用。Mimouni 等[94]采用计算流体力学的方法对发生严重事故时安全壳喷淋系统基准实验工况 TOSQAN 101 和 TOSQAN 113 进行了仿真。Malet 等[95]对比了安全壳喷淋基准容器壁面自由对流流动凝结的模拟值与实验结果的对比,并分析了不凝气体对冷凝的影响,另外,Malet[72]等采用 GASFLOW、GOTHIC、TONUS-LP 等程序对基准喷淋实验工况进行了仿真,并进行了对比。Babić 等[96]通过欧拉模型和液滴追踪方法模拟研究了喷淋过程对混合气体分层和减压特性的影响。Ding 等[77]对比了采用均相流模型和欧拉-拉格朗日方法对喷淋仿真结果产生的影响,指出拉格朗日方法可以更加准确地预测喷淋过程中的液滴和混合气体之间的传热传质细节。

1.3.3　安全壳喷淋系统的研究现状总结

对上述安全壳喷淋理论、实验和数值模拟研究现状的分析可以看到,目前对于安全壳喷淋系统的研究还不充分,由于安全壳喷淋过程的复杂性,安全壳内会伴随有蒸汽的不断产生、热量不断进入安全壳内的现象,喷淋系统的运行过程包含着液滴和液膜蒸发、蒸汽冷凝、产氢除氢、放射性物质的产生和去除以及与安全壳壁面和液膜的换热等复杂的现象,液滴与混合气体之间冷凝、蒸发的作用机理还不是十分明确,还没有一套完整的解释安全壳喷淋系统运行机理的理论;实验研究主要基于现有的安全壳喷淋基准实验装置展开,实验研究虽然取得了一定的成果,但是由于工作量大、实验周期较长等原因,目前只是将蒸汽产生、壁面蒸汽冷凝和液滴喷淋等现象通过解耦分离的方式进行研究,实现确定喷淋机理、指导实际应用的目标还需要进行大量工作,目前还没有针对实际安全壳喷淋系统实验装置的研究;数值模拟研究方面,主要是均相流模型和离散相模型以及基于这两种模型开发的商用程序,大多数也只是基于现有基准实验现象和过程进行的模拟和仿真,由于实际喷淋过程的复杂性,其中的机理和物理现象还不是十分明确,这在一定程度上限制了数值计算方面的发展。总体来说,目前对安全壳喷淋过程中液滴与周围气体的作用的具体机理和过程还不是十分明确,数值模拟结果和实验值之间会存在一定误差,因此有必要从液滴微观的运动和蒸发行为出发,建立精确的双向耦合的液滴运动蒸发模型,并进行安全壳喷淋性能研究。

1.4 液滴相变研究现状

传递动力学[97]是表征动量、热量、质量传递速率与相应影响因素间的关系的理论,其速率正比于驱动力而反比于阻力。三种传递过程的驱动力分别为速度差、温度差、浓度差。其中,传热和传质过程的进行主要分别依靠温差和浓度差驱动,最终恢复动态平衡。下面将对静止液滴蒸发和运动液滴蒸发研究现状分别进行介绍。

1.4.1 静止液滴蒸发机理研究现状

Erbil[98]、王宝和与李群[99]在综述文献中介绍了液滴蒸发机理、蒸发模型和影响液滴蒸发的主要因素,介绍了液滴蒸发的实验研究技术和方法,指出实验研究滞后于理论研究,实验方法主要有悬挂法、多孔球法、飞滴法、气悬和磁悬等,液滴蒸发过程分为两个阶段:瞬态加热阶段(预热阶段)和平衡蒸发阶段。1877 年 Maxwell 分析了静止球形液滴的稳态蒸发过程,认为液滴表面的蒸汽压等于同温下的液体的饱和蒸汽压,液滴的蒸发速率取决于液体蒸汽的扩散速率;Fuchs 认为,液滴蒸发从球形外壳开始,考虑了分子的平均自由程的影响[100]。徐进良等[101]通过 1/3 平均算法和牛顿迭代法计算了静止空气中的水滴蒸发过程,指出蒸发常数随着压力变化较为复杂。苏凌宇[102]在负压环境下采用悬挂法对燃料液滴的蒸发过程进行了研究,指出在负压环境下工作压力越低、温度越高,则液滴寿命越短。苏凌宇和刘卫东[103]研究指出压力振荡会使液滴表面液膜内的边界层中蒸气质量分数发生振荡,导致蒸发速率振荡。苏凌宇等[104]研究表明液滴在压力振荡的环境中蒸发,气液界面的作用可以类比能量缓冲区,压力升高时,气液界面的厚度以及携带的能量增加;下降时,气液界面的厚度以及携带的能量减小,液滴的蒸发速率增加。苏凌宇和刘卫东[105]基于流动边界层的理论,提出液滴蒸发过程的饱和蒸汽的边界层基本概念,并建立压力振荡条件下的蒸发准稳态模型,分析了压力振荡对液滴蒸发的影响。孙凤贤等[106]研究了液滴在静止环境中的蒸发和燃烧过程,构建非等温液滴的蒸发燃烧耦合模型,指出蒸发速率决定燃烧速率,初期火焰面快速扩张,液滴温度快速升高,Stefan 流急剧减小,后期的火焰面迅速收缩。丁继贤等[107]建立了单液滴蒸发模型,研究了压力对液滴蒸发的影响,指出液滴寿命随压力增大而增加。金哲岩和胡晖[108]研究了接触面的温度对液滴蒸发特性的影响,指出液滴被加热后其内部两侧会产生漩涡。马力等[109]通过悬挂液滴方法和高速摄像技术研究了高温气流中液滴的蒸发过程,指出液滴蒸发过程中首先经历初始加热阶段,之后进入稳定蒸发阶段,直径变化符合 D^2 规律。另外,马力等[110]分析了气流速度和温度等对液滴蒸发过程的影响,指出非稳态过程中液滴的蒸发速率变化比较大。段小龙等[111]通过悬挂液滴方法实验研究了高温气流中单个和两个液滴的蒸发过程,指出液滴间会相互影响造成其周围的蒸汽浓度增加,使得浓度差减小,传质速率降低,蒸发过程减慢。高文忠等[112]基于液滴闪蒸理论,研究了闪蒸过程中液滴尺寸和温度变化规律,指出压力是影响闪蒸的关键因素。王遵敬等[113,114]通过分子动力学方法研究了汽液界面位置处的传质过程,得到了准平衡条件下汽液界面位置处的净蒸发凝结流率的计算式。Zhang Q[115]研究指出降压过程中液体的温度变化分为两个阶段:第一阶段在泄压时液体的温度在 0.5 s 内迅速下降,第二阶段压力稳定后液体温度变化缓慢。Persad[116]指出液滴在自身的蒸汽中蒸发,不存在温度和压力的脉动。但是在其他成分中蒸发,会产生温度和压力脉动。作者认为可能是由于其他成分与液滴之间存在热溶解,在反复吸收过程中能量被释放,这些能量引起了蒸发通量和温度压力的变化。Rasbash 发现在较高温度时,测量得到的蒸发时间总是比 Ranz & Marshall 公式计算得到的时间要大 60%,主要是因为水蒸气的比热容很大,当蒸汽经过液滴周围的边界层时,水蒸气的绝热效应造成了上述结果,导致最终传到液滴表面的热量减少[117]。Zhifu 等[118]研究了液滴在高蒸发速率下的性能。发现高蒸发速率下蒸汽沿着液滴的法向方向运动形成吹风效应，导致液滴周围的边界层变厚，进而削弱对流传热传质。并指出液滴蒸发要考虑 Stefan 流、对流传热传质、表面吹风三方面因素。Stefan 流通常指一种组分的速度相对于混合物质点速度的漂移流效应，这种效应在混合物组分有不同的尺寸和密度时存在。因此通常在总质量通量表达式后面加一项 Stefan 流项。Liu 等[119-123]研究了在快速泄压情况下，通过状态方程中的温度和压力参数变化来求解气体的运动速度的方法。另外，Abramzon 和 Sazhin[124]研究了辐射传热对液滴蒸发的影响。Nguyen 等[125]采用实验和理论分析的方法对疏水硅晶片上的静止水滴的蒸发进行了研究，指出了接触角不同蒸发通量也不同，并给出了通量与接触角的关系式和接触角随着时间的变化趋势。

Sazhin[126]在调研的基础上将液滴蒸发模型进行归类整理，认为目前主要液滴蒸发模型如下：①液滴瞬态无蒸发加热模型[127-134]；②扩散蒸发模型[135]；③表面模型[99]；④均匀温度模型[99]，也称无限热导率模型，液滴的导温系数趋于∞；⑤有限导热模型[136]或者薄膜模型[137]；⑥离散化有限导热模型[138]；⑦对流条件下液滴蒸发模型[126]即折算薄膜理论；⑧球形涡蒸发模型[138]。

Zhifu 和 Guoxiang[118]评估了现有的模型在高蒸发速率下的性能。他们发现现有的模型在低蒸发速率下吻合较好，但是在高蒸发速率时出现较大的偏离，并汇总了高蒸发速率下无量纲蒸发传热传质系数。Aggarwal[139]等在研究多组分液滴蒸发时，给出了无限扩散模型和扩散限制模型的数学表达式，其中扩散限制模型中液滴内部传热传质受瞬态传热和质量方程控制，需要考虑移动边界问题，将边界半径归一化处理。Mitchell 等[140]给出了球形液滴瞬态加热过程的移动边界的一维 Stefan 问题的数值解法，采用坐标变换和 Keller box finite-difference scheme 方法进行了求解。Cole[141]、Semenov[142]、Linán[143]等通过数量级对比分析，指出液滴蒸发的一小段时间内气相流场可以认为处于准稳态，气相的热传导时间和动量传递时间要比液滴受热时间小 1～2 个数量级，气相的特征反应时间要比蒸发时间短，意味着可以认为蒸发过程中的一小段时间内流场参数不变。Strotos[144]采用 VOF 追踪液滴界面方法和 N-S 方程结合建立了双组分液滴蒸发的数学模型。Liu 和 Mi[119]应用考虑液滴内部传热传质的液滴蒸发模型，对含盐液滴降压过程中的快速蒸发特性进行了研究，结果表明蒸发过程中液滴内部的浓度变化很小,但是液滴内的温度梯度很大。Gopireddy 和 Gutheil[145]应用液滴蒸发模型研究了单个静止双组分液滴的蒸发和干燥特性。

1.4.2　液滴运动蒸发的研究现状

王超群和潘洞[146]通过连续介质力学相关理论研究了增湿塔中液滴蒸发行为,指出液滴与气流间存在相对运动时,液滴蒸发时间并不与液滴直径的平方成正比,相互关系较为复杂。殷金其等[147]建立了固体火箭发动机中液体的射流速度、液滴的运动和液滴蒸发方程,研究了射流速度、液滴大小和蒸发速率的影响因素。冉景煜和张志荣[148]构建了低温烟气环境中液滴运动蒸发过程模型,研究发现双组分液滴与单组分液滴蒸发过程中的温度变化规律不同,但是直径变化规律相同,指出蒸汽压是传质驱动力,决定着蒸发速率。Birouk 和 Kalp[149]在对已有的湍流对液滴蒸发特性的影响的文献整理汇总的过程中指出,湍流强度增强会增加液滴传热传质的速率,主要是因为湍流度增强,液滴扩散和传热更加剧烈,表面蒸发增强。Abramzon 和 Sirignano[150]在研究喷雾燃烧过程时建立了液滴运动蒸发模型。哈尔滨工业大学的沈军等[151,152]和崔成松等[153]通过气体-雾滴运动模型进行了液滴运动蒸发和凝固过程研究。谭思超等[154]为了解决 VOF 模型用于模拟两相相间传质时质量流密度转换为体积传质速率的问题,通过理论推导给出了满足网格无关性又体现局部传质特性的相间传质转换方法。Tsuruta 等[155]、Eames 等[156]和 Marek 与 Straub[157]等对汽液界面尤其是对于水的汽液界面的蒸发冷凝系数进行了大量的研究,指出蒸发冷凝系数随着温度和压力的升高而降低,并给出了随着压力而变化的水蒸发冷凝系数。Berlemont 等[158]研究液滴在湍流中的蒸发过程时,建立了双向耦合的液滴运动蒸发模型。Dombrovsky 和 Sazhin[159]结合导热和对流传热理论,建立了液滴内非等温液滴运动蒸发模型。中国农业科学研究院的刘海军和龚时宏[160]通过喷灌液滴概率密度分布、蒸发和运动模型对喷灌过程中液滴蒸发进行了预测。Dushin 等[161]为了确定现有的准平衡模型的不足,开发了液滴非平衡蒸发的数学模型,并给出了液滴在气流中的运动蒸发模型。Abou 和 Birouk[162]为了研究在湍流流动的热空气中湍流对液滴传热传质的影响,使用剪切应力输运 SST 模型和液滴蒸发理论建立了三维的数学模型,给出了无量纲传热传质系数的一般表达式,并汇总了已有的系数表达式。Bertoli[163]在研究内燃机喷雾蒸发的过程中,通过考虑液滴的密度随着温度的变化,总结了液滴热膨胀的影响。Protheroe 等[164]应用了一个等温或者绝热条件下单组分水滴在空气中的蒸发模型来研究塞状流中的液滴蒸发,以辅助设计用于呼吸治疗的喷雾器和肺药物传送装置。Kristyadi等[165]采用数值和实验研究了单组分燃料液滴的受热和蒸发过程。数学模型考虑了液滴的有限导热和基于 Nu、Sh 数的液滴内再循环。液滴间的相互影响通过实验确定的 Nu、Sh 数关系式进行修正。Hallett 和Beauchamp[166]实验测定了乙醇和燃油混合液滴的蒸发行为,并建模对液滴蒸发过程进行了预测。Ra 和 Reitz[167]通过数学建模对多组分燃料喷淋蒸发过程进行了研究。Sazhin 等[168]应用先前开发的考虑液滴内温度梯度、再循环、组分扩散等的液滴受热蒸发模型研究了生物燃料液滴的受热蒸发。采用两种方法计算:一是考虑生物燃料中所有组分的贡献,二是采用平均方法将所有组分视为单组分燃料。结果表明两种方法的计算结果相差很小。

1.4.3　液滴运动相变双向耦合的研究现状

液滴在气相环境中运动蒸发的过程,一方面会受到周围气体的影响,另一方面也会对周围的气体产生影响,即实际液滴在气体中的蒸发过程为双向耦合过程。其中,气体对液滴的影响主要表现为气体对液滴的携带、加热或者冷却、传质等过程,气体对液滴的携带通过力的作用表现出来,液滴受到气体的主要作用力包括流动曳力、马格努斯力、萨夫曼升力、重力、附加质量力等[63,64,169-171],气体对液滴的加热或者冷却主要通过气体与液滴之间的温差驱动实现[64,65,172],气体与液滴之间的传质主要体现为两相组分的蒸发或者冷凝,依靠组分的浓度差驱动实现[66,154]。液滴对周围气体的影响主要通过液滴对气体的反作用力、传热和传质实现,其中液滴对气体的反作用力体现为动量源,传热和传质表现为热源和质量源[150]。液滴蒸发过程中,液滴和气体之间的耦合机理是两相流动传热传质研究中非常具有挑战性的课题,还有许多机理尚未完全明确。

在压水堆中,当发生假想的严重事故,比如失水事故、蒸汽管道大破口事故时,安全壳喷淋系统开始运行,通过液滴喷淋、蒸汽冷凝、降低局部氢气浓度限值等方式来为安全壳降温降压,确保安全壳完整性,防止氢气爆炸[74,77,78,173]。在喷淋过程中,温度较低的液滴与周围的热空气发生剧烈作用,两相间快速传热传质,类似现象也存在于工业和日常生活中,比如燃油喷雾雾化蒸发和燃烧[126,149,174-179]、喷淋灭火等[117]。液滴和气体之间的相互作用较为复杂,为此,许多研究者在研究过程中忽略了液滴对周围气体的影响[64,65,170,180-182]。对于离散液滴被气体携带着在流场中不断运动蒸发的过程,液滴和气体之间的相互作用通常采用质量、动量和能量源进行描述,这些源项被加入到气相守恒方程中来描述两相间的双向耦合。这里,质量、动量和能量源分别代表这两相间的质量、动量和热量传递。Abramzon 和 Sirignano[150]最早通过详细的研究建立了考虑双向耦合的液滴蒸发模型。Bovand 等[183]采用 Euler-Lagrange 方法考虑了动量和能量源分析了导管中的纳米流体的流动。Wang 和 Rutland[184]采用直接数值模拟方法(DNS)研究了湍流环境中的燃料液滴蒸发过程,液滴和气体之间的相互作用通过质量、动量和能量源等进行描述,发现不考虑液滴蒸发时,小液滴会抑制湍流;考虑蒸发时小液滴会增强湍流。Xiao 等[91]利用三维计算流体力学软件 GASFLOW 进行核反应堆安全壳的安全分析,其中相间的输运通过加载源项实现。另外,很多学者采用了考虑双向耦合的模型进行了气体环境中液滴运动蒸发过程研究[178,185-189]。然而,所有的这些源项都只是加载在液滴所在位置处的网格或者液滴周围的几个网格内,这会导致流场的畸变,最终造成流场计算发散。Zhou 等[118]对比分析了在较高蒸发速率条件下的现有的蒸发模型,发现当液滴蒸发速率较高时,会出现液滴表面吹风效应,使液滴表面的边界层变厚,降低对流传热和传质速率。Sazhin[177]分析了2014—2017 年的液滴受热和蒸发模型,给出了尚未解决的重要研究问题,其中对于如何有效地预测液滴周围动力作用区域的外部边界层仍然需要做进一步深入研究。尽管目前有大量关于液滴运动蒸发过程的双向耦合研究,但是对于两相间的具体双向耦合机理的研究非常少,流场参数通常认为是无穷远处的参数或者来流参数,并且研究的主要问题集中在流场的整体或者平均参数变化上。很少有研究关注液滴蒸发过程对其周围气体的影响,比如温度变化、液滴周围一定距离内的蒸汽浓度变化等,而实际上这些变化主导着两相间的相互作用。

另外,液滴之间的相互作用对稠密喷淋区域中的液滴传热和蒸发过程起着至关重要的作用,比如安全壳喷淋系统中水滴的稠密喷淋、内燃机燃烧室中燃油液滴喷雾等。Labowsky[190]研究了单个液滴束流动蒸发过程中的液滴间的相互作用,为了描述液滴间的相互作用对蒸发速率和曳力系数的影响,定义了定量参数 C,空间参数定义为液滴之间的间距与液滴直径的比值,指出当空间参数较小时,液滴间的相互作用会削弱液滴蒸发。Castanet 等[175]通过实验研究了线性分布的单个燃油液滴束流动过程中液滴的传热和传质特性,分析了 Nusselt 数和 Sherwood 数随着空间参数的变化规律,指出考虑液滴间的相互作用时的 Nusselt 数和 Sherwood 数要小于单个液滴蒸发时的数值,也就是说液滴间的相互作用抑制了液滴的蒸发,当空间参数 C 大于 9 时,液滴间的相互作用可以忽略。因此,上述结论从侧面反映出液滴蒸发过程只对其周围的一定范围内的区域产生影响。段小龙等[111]通过液滴悬挂法实验研究了高温气流中双液滴的蒸发特性,发现两个液滴蒸发与单个液滴蒸发规律类似,但是液滴间的相互作用会增大液滴周围空气中的蒸汽浓度,使传质浓度差减小,导致传质速率降低。Deprédurandet 等[191]提出了一种经验关系式,来表征液滴束流动中液滴间相互作用导致 Nusselt 数和 Sherwood 数减小的程度,然而,由于实验的局限性,只能进行中等温度下的蒸发实验,因此实验过程中无法获得低挥发性燃料和较高温升条件下的快速蒸发数据。Castanet 等[176]指出空间参数对 Nusselt 数和 Sherwood 数的降低会产生重要影响,但是仅仅靠这一个参数难以准确解释实验过程中 Nusselt 数和 Sherwood 数的变化。事实上,液滴间的相互作用也是通过将液滴周围的气体作为媒介来实现的,首先蒸发的液滴会影响其周围气体的温度、蒸汽浓度等参数,之后其周围的气体会进一步对其他液滴产生影响,进而表现为液滴间的相互作用会对液滴蒸发速率产生影响。因此,需要对液滴和其周围气体间的相互作用和蒸发液滴周围一定范围内的影响区域的特性进行深入研究。

1.4.4　液滴相变研究现状总结

从上述液滴运动相变的研究现状可知,液滴蒸发的实验方法主要有悬挂法、喷雾法、多孔球法和飞滴法等。液滴蒸发理论分析和数值计算的方法较多,主要有无蒸发导热模型、折算薄膜理论、涡模型液滴、扩散蒸发模型、表面模型、均匀温度模型、有限导热模型、离散化有限导热模型、对流条件下液滴蒸发模型即折算薄膜理论、球形涡蒸发模型等,相应的数值计算方法主要为有限差分、有限元、龙格库塔方法等。

但是,截至目前关于液滴蒸发过程的研究,多是对液滴成分与周围气体环境不同的传热传质现象进行研究,对液滴成分在蒸汽中的传热传质研究很少;液滴在运动过程中的蒸发研究较少,考虑的液滴受力和蒸发影响因素不全面;大多数是针对单液滴的蒸发,对于多液滴或者液滴群的研究较少;考虑液滴蒸发对流场的影响很少;大多数是液滴受到温度的影响而导致的蒸发过程,压力连续变化对液滴蒸发特性的研究很少。现有的液滴蒸发理论和数值模拟研究中,认为液滴在一个无限大的空间内蒸发,液滴周围环境气体的参数认为是无穷远处或者来流的参数,忽略了液滴蒸发过程中液滴蒸发对周围流场、温度场和浓度场的影响,忽略了液滴周围当地局部流场对液滴蒸发过程的影响。有必要考虑液滴蒸发过程中其周围局部流场的参数,建立更为精确的液滴运动蒸发模型。

1.5　研究现状总结

在汽水分离器中液滴被水蒸气携带着运动以及在安全壳喷淋系统中液滴喷射到安全壳内的湿空气中而不断运动蒸发的过程中,液滴运动蒸发过程是一个流场、温度场、浓度场的多物理场耦合,并且是一个包括液滴尺寸和周围流场空间大小在内的多尺度耦合过程,其物理现象和机理较为复杂。一方面,液滴在汽水分离器中被水蒸气携带着运动,虽然水蒸气、液滴总体为饱和状态,但是在蒸汽携带液滴不断运动的过程中,由于流动阻力或者局部结构的改变造成液滴和蒸汽运动过程中液滴周围压力不断降低,可能会影响液滴的传热、传质特性,液滴不断蒸发尺寸不断减小,更容易逃逸出汽水分离器,进而影响汽水分离器的汽水分离特性。目前在汽水分离器中液滴的传质方面还没有公开发表的论文,也没有见到液滴在自身蒸汽中运动蒸发的相关理论,因此十分有必要对汽水分离器中液滴在水蒸气中的运动和传热传质特性进行研究,弄清楚液滴蒸发对汽水分离器分离性能的影响。另一方面,在以往的液滴蒸发过程的理论和数值模拟研究中,认为液滴在一个无限大的空间内运动并不断蒸发,也就是液滴蒸发是在无限大空间内进行的,液滴周围环境气体的参数(如温度、压力、组分浓度等)认为是无穷远处或者来流的参数,忽略了液滴蒸发对于周围流场、温度场和浓度场的影响,没有考虑液滴蒸发过程中周围一定影响区域内的流场参数的变化会带来计算误差。

但是在实际液滴蒸发过程中,液滴通常是在有限的空间内进行蒸发,液滴蒸发出来的蒸汽通过扩散方式进入周围的流场中,首先会造成液滴表面附近的流体流动,并与液滴表面附近的流体混合并交换热量,使液滴周围的流体温度发生变化,导致周围流场中蒸汽的浓度增加;液滴表面附近被加热或者冷却的流体,依靠着扩散和导热或者对流的方式不断与周围的流体进行传质传热,并逐步向外传递,进而向整个流场传播,距离液滴越近的流体受液滴的影响越大,距离液滴越远的流体受影响越小。另外,在安全壳喷淋、汽水分离器、燃油喷雾、喷淋洗涤塔等设备运行过程中,由于液滴数量较多,液滴间的距离较小,采用无穷远处的流场参数进行计算时,忽略了液滴周围局部的流场信息,会带来较大的计算误差,尤其当液滴数密度较大时,无穷远或者来流参数计算假设会导致数值模拟结果与实际结果之间存在较大的误差。

因此,了解和掌握液滴运动相变机理,建立液滴在自身蒸汽中运动的相变单向耦合和液滴在空气中运动相变的双向耦合模型,开发液滴运动相变程序,不仅对掌握汽水分离和安全壳喷淋机理具有至关重要的理论意义,还对建立和完善汽水分离器和安全壳喷淋分析程序、指导工程应用具有重要的实用价值。一方面,有必要建立液滴在自身蒸汽中运动的蒸发模型,研究液滴在自身组分蒸汽中不断运动的蒸发特性,并分析汽水分离器中的液滴运动相变特性对分离效率的影响。另一方面,有必要考虑液滴蒸发过程中其周围当地局部流场的参数以及液滴蒸发对液滴周围流场的影响,建立有限空间内液滴运动蒸发双向耦合模型,并进行参数特性分析,将其应用到喷淋、喷雾等液滴数量较多的实际工况中进行更为精确的模拟仿真,为安全壳喷淋系统的设计提供依据。

1.6 研究内容和技术路线

本书首先基于液滴在汽水分离器的蒸汽环境中运动相变过程的基本现象,以及压差驱动液滴相变的物理机理,建立压力变化条件下静止液滴相变模型;结合液滴三维运动模型,建立液滴运动相变单向耦合模型;并引入特征液滴思想,建立多液滴运动相变模型,将其应用到汽水分离器中研究液滴相变和运动特性对分离性能的影响。其次,基于温差驱动液滴相变机理,综合考虑了液滴周围的局部流场、温度场和浓度场等参数,以及液滴在运动相变过程中对周围局部气相参数的影响,建立有限空间内液滴运动相变双向耦合模型。通过分析单个液滴蒸发特性,创新性地提出了液滴蒸发过程的影响域的概念,结合影响域半径的表达式,将液滴对气相流场作用的质量、动量、能量等源项按照距离反比权重方法加载在液滴周围影响域内的气相流场当中,建立考虑影响域的有限空间内液滴运动相变双向耦合模型。并应用到安全壳喷淋系统和定容弹中的燃油喷雾系统中,分别进行喷淋性能和燃油喷雾蒸发过程的精确模拟仿真。主要研究内容如下:

(1)基于压差驱动液滴相变机理,建立液滴运动相变单向耦合模型。在对汽水分离装置的相关结构以及运行状况和机理进行调研的基础上,对汽水分离装置中的液滴被蒸汽携带着不断运动产生的相变现象进行合理的物理描述,弄清在汽水分离装置中液滴在蒸汽环境下运动,由于压力变化造成的传热传质的机理;进一步结合已有的流动和传热相关理论建立压力变化条件下静止单液滴相变模型;结合液滴三维运动模型,建立液滴运动相变单向耦合模型,并进行参数特性分析,给出液滴蒸发图谱;引入特征液滴思想,建立多液滴运动相变模型;并与实验结果对比进行模型验证。

　　(2)提出算法加速-离散两相流中液滴周围流场信息搜索的高效、高精度插值方法。在用欧拉-拉格朗日方法进行汽水分离器中液滴运动相变过程计算时,考虑到流场靠近管道中央位置处的主流流场变化较小、而在壁面位置处流场变化较大的特殊性,同时对比分析不同的插值格式的计算效率,提出最近邻搜索算法(1点插值)与流场壁面网格加密结合的方法,并应用到汽水分离器中进行液滴运动分离过程高效、高精度的定位和计算,大大提高计算精度和求解速度。

　　(3)进行液滴运动相变单向耦合模型在汽水分离装置中的应用。将液滴运动相变单向耦合模型应用到传统压水堆波纹板分离器以及 AP1000 全尺寸汽水分离器中研究汽水分离器的分离效率、压降,弄清楚液滴相变对分离性能的影响,分析重力分离空间、旋叶分离器、汽水分离器、波纹板分离器及其入口前的孔板等各个组件对分离性能的影响,得到分离性能的细节,并指导工程设计。

　　(4)基于温差驱动液滴相变机理,建立液滴运动相变双向耦合模型。通过分析单个液滴蒸发特性,提出液滴蒸发过程的影响域概念,通过进行大量工况计算,分析影响域的影响因素,拟合得到影响域半径的数学表达式;基于液滴定位和流场信息搜索算法,考虑液滴周围的当地流场、温度场和浓度场等参数,以及液滴在运动相变过程中对周围局部气相场参数的影响,结合影响域的尺寸,将液滴对气相的作用源按照距离反比权重方法,加载到液滴周围影响域内的气相流场中,建立有限空间内考虑影响域的液滴运动相变双向耦合模型。

　　(5)进行液滴运动相变双向耦合模型在安全壳喷淋系统和燃油液滴喷雾蒸发过程中的应用。将液滴运动相变双向耦合模型应用到压水堆核电站的安全壳喷淋系统中,模拟多液滴喷淋过程,与基准安全壳喷淋实验TOSQAN 进行对比验证模型的正确性,初步研究安全壳喷淋系统的运行性能,分析喷淋参数对安全壳喷淋系统性能的影响;将模型应用于定容弹中进行燃油喷雾蒸发过程的模拟,分析油滴喷雾蒸发特性,拓展模型应用范围。

　　本研究的主要技术路线如下:

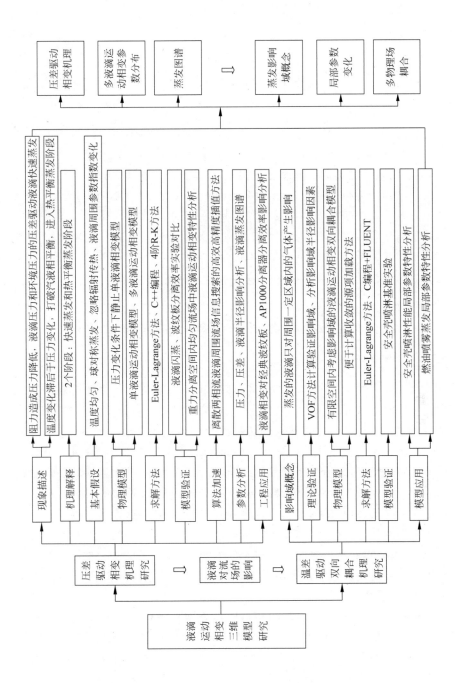

第 2 章　多液滴运动相变单向耦合模型

目前,有关汽水分离器中液滴相变特性方面的相关研究的报道还不算多。汽水分离器实际运行过程中,汽液两相的流动形式为水蒸气携带离散液滴运动,虽然分离器中温度变化很小,但是汽液两相运动过程中由于阻力和局部结构的变化会造成压力降低,导致液滴在水蒸气中进行蒸发。因此,基于压差驱动液滴相变的微观现象描述,分析液滴在蒸汽环境中压力变化条件下的相变过程和机理,建立压力变化条件下静止液滴相变模型以及液滴运动相变模型,进行液滴相变参数特性分析,对于研究汽水分离器中液滴相变规律和相变对分离性能的影响具有重要意义。

2.1　压力变化条件下的静止液滴相变模型

2.1.1　现象描述和机理解释

汽水分离器中的液滴在运动时,蒸汽和液滴流动阻力和管道局部结构变化会造成液滴周围压力不断降低,在液滴周围的压力开始降低的瞬间,液滴表面的压力将以压力波速快速传播到周围蒸汽中,液滴表面压力和其周围蒸汽压力之间由于压差的作用导致液滴表面液膜内的蒸汽快速运动,造成液滴快速蒸发,之后由于温度的变化滞后于压力的变化,液滴处于过热状态,破坏了汽液相平衡,液滴继续蒸发,随着液滴蒸发过程的持续进行,液滴温度逐渐降低,对应的饱和压力也逐渐降低,此时随着蒸发出来的蒸汽分子进入周围的蒸汽空间,环境压力逐渐升高,随着蒸发出来的蒸汽与环境分子混合、对流换热和蒸发吸热的进行,环境温度逐渐升高,并且随着蒸发的进行周围环境的蒸汽浓度也逐渐上升,直到液滴完全蒸干或者重新达到汽液相平衡(热平衡)。

根据上面的物理现象描述,可以将压力变化条件下的静止液滴的相变过程按照机理和发生的时间先后顺序分为两个阶段。

(1)快速蒸发阶段:在液滴周围蒸汽压力降低开始的很短时间内,液滴表面的压力以压力波速快速传播,直至降低到与环境压力一致,压力变化

过程中,液滴表面和周围蒸汽之间由于受到压差的驱动导致液滴表面的蒸汽快速运动,驱动液滴进行快速蒸发;

(2)热平衡蒸发阶段:液滴表面压力降低到和环境压力基本相同时,此时压差驱动的快速蒸发的作用机制影响很小,基本上可以忽略,但因为快速蒸发阶段液滴的温度变化滞后于压力的变化,使液滴表面液膜/汽液界面处于过热状态,打破了汽液相平衡,致使液滴进入汽液相平衡/热平衡蒸发阶段,直至达到新的汽液相平衡状态或者液滴完全蒸干。需要指出的是,由于此处为水滴在水蒸气中进行蒸发,此时热平衡和汽液相平衡一致。

2.1.2　数学模型

为了更好地理解压力变化条件下静止液滴相变的物理现象和机理,建立合理的数学模型,做以下 5 个基本假设。

(1)液滴球对称蒸发

在汽水分离器中,液滴的直径大多数为几十到几百微米[1],此时的液滴较小,可以作在蒸发过程中液滴保持球形和液滴球对称蒸发的合理假设。

(2)液滴内部温度均匀

汽水分离器中的液滴半径较小,毕渥数 $\text{Biot} = 2hr/\lambda_\text{d}$ 小于 0.1[153],因此可以采用集总参数法计算液滴与蒸汽之间的换热,忽略液滴内温度梯度,假设液滴的内部温度均匀。

(3)忽略辐射传热

汽水分离器中,液滴被蒸汽携带运动蒸发的过程中,蒸汽总体处于饱和状态,液滴与分离器的固体壁面间的温差很小,可以忽略液滴与壁面间的辐射传热。

(4)液滴周围蒸汽压力沿半径呈指数变化

Lewis[192]、徐旭常[136]的研究表明液滴周围气体压力、温度、密度等沿着半径近似呈现指数变化规律,液滴在液膜和周围环境之间的压差驱动下驱使蒸汽快速运动,因此需要考虑压力的变化对液滴蒸发过程的影响[121]。

(5)液滴与蒸汽之间的作用为单向耦合,气相流场为稳态

汽水分离器中蒸汽的湿度较低,其中液滴的体积份额较小[64],可以忽略液滴对蒸汽的作用,只考虑蒸汽对液滴的作用,认为蒸汽流场为稳态。

本书建立的数学模型包括传质模型、传热模型和液滴半径变化方程等。其中,传质模型包括水动力学模型和动力学模型,水动力学模型用于描述快速蒸发阶段,动力学模型用于描述热平衡蒸发阶段,采用压力变化时间作为两种传质模型和两个蒸发阶段的分界判据。

2.1.2.1　传质模型

1. 水动力学模型

（1）压差驱动蒸汽运动方程以及压力的变化时间方程

如图 2.1 所示，对液滴表面 r 处和距离液滴中心 nr 位置处的环境表面，应用连续性和能量守恒方程有

$$\rho_r v_r A_r = \rho_{nr} v_{nr} A_{nr} \tag{2.1}$$

$$\Delta P = P_r - P_{nr} = \frac{\rho_{nr} v_{nr}^2}{2} - \frac{\rho_r v_r^2}{2} + \xi \frac{\rho_r v_r^2}{2} \tag{2.2}$$

式中，ρ_r、ρ_{nr} 分别是液滴表面的蒸汽密度和距离液滴中心 nr 位置处的蒸汽密度，单位为 kg/m³；v_r、v_{nr} 分别是液滴表面的蒸汽密度和距离液滴中心 nr 位置处的蒸汽运动速度，单位为 m/s；A_r 和 A_{nr} 分别为液滴表面和距离液滴中心 nr 位置处圆球表面的面积，单位为 m²；ξ 为压力损失系数，根据水力摩阻手册查得。

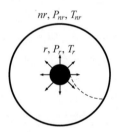

图 2.1　液滴蒸发时液滴表面和周围蒸汽参数的变化

从式（2.1）和式（2.2）可以看出，若已知液滴表面 r 位置处和距离液滴中心 nr 位置处的压力，便可以计算得到蒸汽的运动速度，进而可以得到雷诺数 Re、舍伍德数 Sh 和努塞尔数 Nu。

根据假设（4），可以设液滴周围的蒸汽压力随半径的变化关系式为

$$P = P_r e^{-\varepsilon \frac{L-r}{r}} \tag{2.3}$$

式中，P 表示距离液滴中心 L 位置处蒸汽的压力，单位为 Pa；ε 为公式的指数。

则有 $P_{5r} = P_r \exp(-4) = 0.0183 P_r$，$P_{10r} = P_r \exp(-9) = 0.000\,123 P_r$。因此可以选定环境边界为距离液滴中心 nr 位置处的表面，可以认为液滴蒸发或压力的变化影响范围为 $(r, 5r)$[65]。压力变化过程中，压力以压力波的波速传播，可以采用图 2.1 所示的 $nr-r$ 作为压力波的传播距离。而根据压力波运动理论，压力波的波速方程[193]为

$$c = \sqrt{\kappa RT} \tag{2.4}$$

考虑到压力波的传播距离$(n-1)r$,因此环境压力变化过程中,液滴周围压力的传播或者变化时间为

$$t_p = (n-1)r/c = (n-1)r/\sqrt{\kappa RT} \tag{2.5}$$

式中,t_p为在环境压力变化时液滴表面压力的变化时间,单位为 s;c 为水蒸气中的压力波传播速度,单位为 m/s;κ 为水蒸气比热容比;R 为气体常数,单位为 J/(kg·K);T 为蒸汽的热力学温度,单位为 K,此处采用液滴表面温度。水蒸气的物性参数通过水和水蒸气的物性手册得到。

根据上述物理机理解释和相变过程现象描述,液滴蒸发时间不大于t_p时,为液滴快速蒸发阶段,通过水动力学模型描述和计算液滴快速蒸发过程;在液滴蒸发时间超过t_p时,为热平衡蒸发阶段,通过动力学模型描述和计算热平衡/汽液相平衡蒸发过程中的液滴蒸发。

(2) 液滴蒸发方程

根据基本传质理论[135]可知:

$$\dot{m} = 4\pi r^2 D_v \frac{\mathrm{d}\rho}{\mathrm{d}r} \tag{2.6}$$

由式(2.6)可得

$$\frac{\mathrm{d}\rho}{\mathrm{d}r} = \frac{\dot{m}}{4\pi r^2 D_v} \tag{2.7}$$

将式(2.7)沿径向在$[r, nr]$上积分,整理化简可得

$$\rho_r - \rho_{nr} = -\frac{\dot{m}}{4\pi D_v} \int_r^{nr} \frac{\mathrm{d}r}{r^2} = -\frac{n-1}{n} \frac{\dot{m}}{4\pi r D_v} \tag{2.8}$$

另外,由液滴的蒸发质量和半径变化关系有

$$\dot{m} = 4\pi \rho_d r^2 \frac{\mathrm{d}r}{\mathrm{d}t} \tag{2.9}$$

结合式(2.8)和式(2.9)可得

$$\frac{\mathrm{d}r}{\mathrm{d}t} = -\frac{n}{n-1} \frac{D_v}{\rho_d r} (\rho_r - \rho_{nr}) \tag{2.10}$$

将式(2.10)对时间$[0, t]$积分可得

$$r_0^2 - r^2 = \frac{n}{n-1} \frac{2D_v}{\rho_d} (\rho_r - \rho_{nr}) t \tag{2.11}$$

当$n \to \infty$时,式(2.11)变为

$$r_0^2 - r^2 = \frac{2D_v}{\rho_d} (\rho_r - \rho_{nr}) t \tag{2.12}$$

可知式(2.12)与扩散理论得到的结果一致,说明了推导的数学模型具有较强的通用性。

在存在对流蒸发时,式(2.10)变为

$$\frac{\mathrm{d}r}{\mathrm{d}t} = -\frac{n}{n-1}\frac{\mathrm{Sh}D_{\mathrm{v}}}{2\rho_{\mathrm{d}}r}(\rho_r - \rho_{nr}) \tag{2.13}$$

式中,舍伍德数(Sherwood number,Sh),施密特数(Schmidt number,Sc)及雷诺数(Reynolds number,Re)的表达式分别为

$$\mathrm{Sh} = 2.0 + 0.6\mathrm{Re}^{0.5}\mathrm{Sc}^{1/3} \tag{2.14}$$

$$\mathrm{Sc} = \frac{\nu}{D_{\mathrm{v}}} \tag{2.15}$$

$$\mathrm{Re} = \frac{2\rho_r vr}{\mu} \tag{2.16}$$

式(2.6)～式(2.16)中,$\dot{m}$ 为液滴质量变化率,单位为 kg/s;ρ_{d} 为液滴密度,单位为 kg/m^3;t 为蒸发时间,单位为 s;D_{v} 为水蒸气在水蒸气中的自扩散系数,单位为 m^2/s,依据 Fuller[194] 等提出的中低压工况下气体扩散系数的经验关系式:

$$D_{\mathrm{AB}} = \frac{1.43 \times 10^{-8} T^{1.75}}{pM_{\mathrm{AB}}^{1/2}[(\Sigma_v)_{\mathrm{A}}^{1/3} + (\Sigma_v)_{\mathrm{B}}^{1/3}]^2} \tag{2.17}$$

$$M_{\mathrm{AB}} = 2[(1/M_{\mathrm{A}}) + (1/M_{\mathrm{B}})]^{-1} \tag{2.18}$$

式中,D_{AB} 为二元扩散系数,单位为 m^2/s;p 为当地的蒸汽压力,单位为 MPa;M_{A} 和 M_{B} 分别为物质 A 和物质 B 的摩尔质量,单位为 g/mol;Σ_{A} 和 Σ_{B} 分别为物质 A 和物质 B 的摩尔体积,单位为 m^3/mol。

对于水蒸气在水蒸气中的自扩散而言,式(2.17)可以变为

$$D_{\mathrm{v}} = \frac{1.516\,32 \times 10^{-10} T^{1.75}}{p}, \quad p \leqslant 8\ \mathrm{MPa} \tag{2.19}$$

通过上面推导的压力驱动蒸汽运动速度及压力的变化时间方程、传质方程再结合初始条件和传热方程,便可进行压力变化条件下静止液滴在快速蒸发阶段的相变计算。

2. 动力学模型

在热平衡蒸发阶段,其主要的作用机理为恢复汽液相平衡,因此采用经典的动力学模型,也就是蒸发-冷凝模型来进行热平衡蒸发阶段的计算,采用目前公认的动力学模型 Hertz-Knudsen 公式[180] 计算汽液界面的传质过程,可以较好地体现界面传质特性,相应的表达式如式(2.20)所示。

$$G = \frac{2\alpha}{2-\alpha} \sqrt{\frac{M}{2\pi R}} \left(\frac{P_1}{\sqrt{T_1}} - \frac{P_g}{\sqrt{T_g}} \right) \tag{2.20}$$

式(2.20)化简可得

$$\frac{\mathrm{d}r}{\mathrm{d}t} = \frac{1}{\rho_d} \frac{2\alpha}{2-\alpha} \sqrt{\frac{M}{2\pi R}} \left(\frac{P_1}{\sqrt{T_1}} - \frac{P_g}{\sqrt{T_g}} \right) \tag{2.21}$$

式中，G 为液滴表面液膜蒸发或者冷凝的蒸汽质量流密度，单位为 kg/(m² · s)；α 为汽液界面位置处的蒸发-冷凝系数；R 是气体常数，单位为 J/(mol · K)；M 为摩尔质量，单位为 kg/mol；T_1 为液滴表面温度，单位为 K；p_1 为液滴表面温度 T_1 所对应的饱和压力，单位为 Pa；p_g 为液滴周围的水蒸气压力，单位为 Pa；T_g 为水蒸气温度，单位为 K。

关于蒸发-冷凝系数 α 取值在不同文献中具体数值差异较大，Marek[157] 基于现有的研究，归纳汇总并分析了水的蒸发-冷凝系数，总体上认为 α 随压力增加而减小，运行压力不同，α 的数值可能会变化 3～4 个量级。

为了更精确地进行描述，得到蒸发冷凝系数随着压力的变化关系式，根据 Marek 和 Staub[157] 的蒸发冷凝系数图谱拟合曲线，为了保证拟合结果准确，分成 3 段拟合，最终拟合得到的拟合曲线和蒸发冷凝系数的关系式如图 2.2 所示。

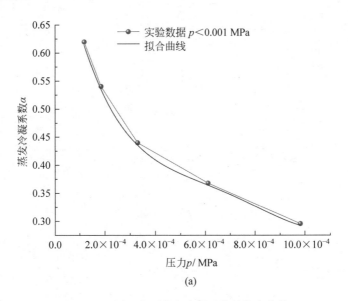

(a)

图 2.2　不同压力下蒸发冷凝系数的拟合曲线

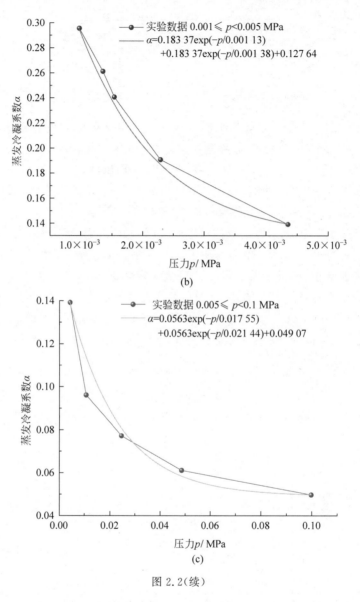

图 2.2(续)

当压力大于 0.1 MPa 时，依据 Komnos 提出的蒸发-冷凝系数随蒸汽比容 v_v 变化的关系式[157]求得，其表达式为

$$\alpha = 0.05 \times \frac{v_v(p)}{v_v(p_0 = 0.1\ \text{MPa})}, \quad 0.1\ \text{MPa} \leqslant p \leqslant 7\ \text{MPa} \quad (2.22)$$

则最终可以得到，当运行压力低于 7 MPa 时，蒸发-冷凝系数 α 随压力

变化的关系式：

$$\alpha = \begin{cases} 0.828\,59 - 2323.627\,74p + 4\,789\,250p^2 - 4.664\,66E9p^3 + \\ \quad 1.661\,13E12p^4, \quad p \leqslant 0.001\ \text{MPa} \\ 0.183\,37\exp(-p/0.001\,13) + 0.183\,37\exp(-p/0.001\,38) + 0.127\,64, \\ \quad 0.001\ \text{MPa} \leqslant p \leqslant 0.005\ \text{MPa} \\ 0.0563\exp(-p/0.017\,55) + 0.0563\exp(-p/0.021\,44) + 0.049\,07, \\ \quad 0.005\ \text{MPa} \leqslant p \leqslant 0.1\ \text{MPa} \\ 0.05 \times \dfrac{v_v(p)}{v_v(p_0 = 0.1\ \text{MPa})}, \quad 0.1\ \text{MPa} \leqslant p \leqslant 7\ \text{MPa} \end{cases}$$

$$(2.23)$$

则根据式(2.23)和工况条件便可以计算得到不同压力条件下的蒸发-冷凝系数值。

2.1.2.2　传热模型

考虑液滴蒸发的汽化潜热和与周围蒸汽的对流换热，根据液滴能量守恒[121]有

$$mc_p \frac{\mathrm{d}T}{\mathrm{d}t} = 4\pi r^2 h(T_{nr} - T_r) + \gamma \dot{m} \qquad (2.24)$$

将液滴质量 m 表达式代入式(2.24)中，化简可得

$$\frac{1}{3}\rho_d rc_p \frac{\mathrm{d}T}{\mathrm{d}t} = h(T_{nr} - T_r) + \gamma \rho_d \frac{\mathrm{d}r}{\mathrm{d}t} \qquad (2.25)$$

所以，液滴蒸发过程中温度的变化表达式为

$$\frac{\mathrm{d}T}{\mathrm{d}t} = \frac{3}{\rho_d c_p r^2}\left[hr(T_{nr} - T_r) - \frac{n}{n-1}\gamma \mathrm{Sh}D_v(\rho_r - \rho_{nr})\right] \qquad (2.26)$$

式中，努塞尔数(Nusselt number，Nu)，普朗特数(Prandtl number，Pr)的表达式分别为

$$\mathrm{Nu} = 2.0 + 0.6\mathrm{Re}^{0.5}\mathrm{Pr}^{1/3}, \quad 0 \leqslant \mathrm{Re} \leqslant 7 \times 10^4,$$
$$0.6 \leqslant \mathrm{Pr} \leqslant 400 \qquad (2.27)$$

$$\mathrm{Nu} = \frac{2hr}{\lambda} \qquad (2.28)$$

$$\mathrm{Pr} = \frac{\nu}{a} \qquad (2.29)$$

式中，c_p 为液滴的定压比热容，单位为 J/(kg·K)；γ 为水的汽化潜热，单位为 J/kg；T_r 和 T_{nr} 分别为蒸汽在液滴表面处和距离液滴中心 nr 位置处的水

蒸气温度,单位为 K;h 为水蒸气和液滴的对流换热系数,单位为 W/(m²·K);λ 为蒸汽的导热系数,单位为 W/(m·K);a 为热扩散系数,单位为 m²/s。

2.1.2.3　液滴半径变化方程

由于液滴蒸发过程中与周围流场之间会不断进行换热,其温度会发生变化,进而导致物性参数发生变化,为了更加准确地描述液滴蒸发过程中的半径变化,考虑了液滴蒸发过程中的物性参数变化对液滴半径的影响,则总的液滴半径变化率应为

$$\dot{r}_{\text{Total}} = \dot{r} + \dot{r}_{\text{property}} \tag{2.30}$$

式中,$\dot{r}_{\text{Total}}$ 为液滴半径总变化率,单位为 m/s;$\dot{r}$ 为由于液滴蒸发或者冷凝的半径变化率,单位为 m/s;$\dot{r}_{\text{property}}$ 为温度改变导致的物性参数变化所造成的半径变化率[165],单位为 m/s,物性参数数值和表达式参考水和水蒸气物性手册。

2.1.3　模型的求解和验证

通过上述数学模型的表达式,结合水蒸气的状态方程,如果初始条件、边界条件已知,便可以进行模型的求解。通过对上面的数学模型整理,可得到压力变化条件下的静止液滴相变模型的基本方程组。

当 $t \leqslant t_p$ 时,液滴蒸发过程为快速蒸发阶段,基本方程组为

$$\begin{cases} \dfrac{\mathrm{d}r}{\mathrm{d}t} = -\dfrac{n}{n-1} \dfrac{\mathrm{Sh}D_v}{2\rho_d r}(\rho_r - \rho_{nr}) \\ \dfrac{\mathrm{d}T}{\mathrm{d}t} = \dfrac{3}{\rho_d c_p r^2}\left[hr(T_{nr} - T) - \dfrac{n}{n-1}\gamma \mathrm{Sh}D_v(\rho_r - \rho_{nr}) \right] \end{cases} \tag{2.31}$$

当 $t > t_p$ 时,液滴蒸发过程为热平衡蒸发阶段,基本方程组为

$$\begin{cases} \dfrac{\mathrm{d}r}{\mathrm{d}t} = \dfrac{1}{\rho_d} \dfrac{2\alpha}{2-\alpha}\sqrt{\dfrac{M}{2\pi R}}\left(\dfrac{P_1}{\sqrt{T_1}} - \dfrac{P_g}{\sqrt{T_g}} \right) \\ \dfrac{\mathrm{d}T}{\mathrm{d}t} = \dfrac{3}{\rho_d c_p r}\left[h(T_{nr} - T) + \gamma \rho_d \dfrac{\mathrm{d}r}{\mathrm{d}t} \right] \end{cases} \tag{2.32}$$

下面以方程组(2.31)为例对求解过程中所使用的离散方法进行说明。

由于上述的数学模型符合 $y' = f(x, y)$ 的微分方程基本形式,所以可以采用经典的 4 阶龙格-库塔(Runge-Kutta)法求解,通过 C++软件自主编程来实现。假设液滴半径 r 和液滴温度 T 在 t_{i+1} 和 t_i 时刻的数值分别表示为 r_{i+1}、T_{i+1} 以及 r_i、T_i,时间步长为 τ,经典龙格-库塔方法具有 4 阶

精度,其表达式如式(2.33)~式(2.36)所示。

$$\begin{cases} \dot{r}_1 = -\dfrac{n}{n-1} \dfrac{\mathrm{Sh}(r_i)D_{\mathrm{v}}}{2\rho_{\mathrm{d}}r_i}(\rho_r - \rho_{nr}) \\[3mm] \dot{T}_1 = \dfrac{3}{\rho_{\mathrm{d}}c_{\mathrm{p}}r_i^2}\left[h(r_i)r_i(T_{nr}-T_i) - \dfrac{n}{n-1}\gamma\,\mathrm{Sh}(r_i)D_{\mathrm{v}}(\rho_r - \rho_{nr}) \right] \end{cases} \tag{2.33}$$

$$\begin{cases} \dot{r}_2 = -\dfrac{n}{n-1} \dfrac{\mathrm{Sh}\left(r_i + \frac{\tau}{2}\dot{r}_1\right)D_{\mathrm{v}}}{2\rho_{\mathrm{d}}\left(r_i + \frac{\tau}{2}\dot{r}_1\right)}(\rho_r - \rho_{nr}) \\[4mm] \dot{T}_2 = \dfrac{3}{\rho_{\mathrm{d}}c_{\mathrm{p}}\left(r_i + \frac{\tau}{2}\dot{r}_1\right)^2}\left[h\left(r_i + \frac{\tau}{2}\dot{r}_1\right)\left(r_i + \frac{\tau}{2}\dot{r}_1\right)\left(T_{nr} - T_i - \frac{\tau}{2}\dot{T}_1\right) - \right. \\[4mm] \left. \dfrac{n}{n-1}\gamma\,\mathrm{Sh}\left(r_i + \frac{\tau}{2}\dot{r}_1\right)D_{\mathrm{v}}(\rho_r - \rho_{nr}) \right] \end{cases}$$

$$\tag{2.34}$$

$$\begin{cases} \dot{r}_3 = -\dfrac{n}{n-1} \dfrac{\mathrm{Sh}\left(r_i + \frac{\tau}{2}\dot{r}_2\right)D_{\mathrm{v}}}{2\rho_{\mathrm{d}}\left(r_i + \frac{\tau}{2}\dot{r}_2\right)}(\rho_r - \rho_{nr}) \\[4mm] \dot{T}_3 = \dfrac{3}{\rho_{\mathrm{d}}c_{\mathrm{p}}\left(r_i + \frac{\tau}{2}\dot{r}_2\right)^2}\left[h\left(r_i + \frac{\tau}{2}\dot{r}_2\right)\left(r_i + \frac{\tau}{2}\dot{r}_2\right)\left(T_{nr} - T_i - \frac{\tau}{2}\dot{T}_2\right) - \right. \\[4mm] \left. \dfrac{n}{n-1}\gamma\,\mathrm{Sh}\left(r_i + \frac{\tau}{2}\dot{r}_2\right)D_{\mathrm{v}}(\rho_r - \rho_{nr}) \right] \end{cases}$$

$$\tag{2.35}$$

$$\begin{cases} \dot{r}_4 = -\dfrac{n}{n-1} \dfrac{\mathrm{Sh}(r_i + \tau\dot{r}_3)D_{\mathrm{v}}}{2\rho_{\mathrm{d}}(r_i + \tau\dot{r}_3)}(\rho_r - \rho_{nr}) \\[4mm] \dot{T}_4 = \dfrac{3}{\rho_{\mathrm{d}}c_{\mathrm{p}}(r_i + \tau\dot{r}_3)^2}\left[h(r_i + \tau\dot{r}_3)(r_i + \tau\dot{r}_3)(T_{nr} - T_i - \tau\dot{T}_3) - \right. \\[4mm] \left. \dfrac{n}{n-1}\gamma\,\mathrm{Sh}(r_i + \tau\dot{r}_3)D_{\mathrm{v}}(\rho_r - \rho_{nr}) \right] \end{cases}$$

$$\tag{2.36}$$

所以有 t_{i+1} 时刻的液滴半径 r_{i+1} 和温度 T_{i+1} 的表达式:

$$\begin{cases} r_{i+1} = r_i + \dfrac{\tau}{6}(\dot{r}_1 + 2\dot{r}_2 + 2\dot{r}_3 + \dot{r}_4) \\[3mm] T_{i+1} = T_i + \dfrac{\tau}{6}(\dot{T}_1 + 2\dot{T}_2 + 2\dot{T}_3 + \dot{T}_4) \end{cases} \tag{2.37}$$

　　根据上述离散方法的表达式,便可对建立的压力变化条件下静止液滴相变模型进行求解。

　　由于本书的模型是考虑压力变化条件下静止液滴的相变模型,为了更好地验证数学模型,将其与液滴闪蒸过程实验进行对比验证,对比液滴结冰前一段时间内温度变化的实验值和计算值。选取的工况为赵凯璇等[195]进行的液滴在真空环境中闪蒸的实验条件。其实验参数为:液滴初始半径为900 μm,液滴初始温度为293.15 K,液滴周围环境压力40 Pa。

　　为了在保证计算精度的前提下同时提高计算速度,两种传质模型根据自身模型的收敛性条件选取不同的时间步长,其中,水力学模型选取的时间步长为 τ_1,动力学模型选取时间步长为 τ_2。采用3种不同大小的时间步长验证时间步长无关性:①$\tau_1=10^{-7}$ s,$\tau_2=10^{-5}$ s;②$\tau_1=10^{-8}$ s,$\tau_2=10^{-6}$ s;③$\tau_1=5\times10^{-7}$ s,$\tau_2=5\times10^{-5}$ s。得到的液滴温度变化的结果如图 2.3 所示。

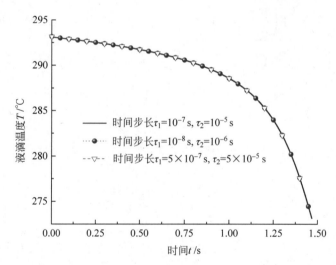

图 2.3　不同疏密网格下的液滴温度随时间的变化曲线

　　从图 2.3 可以看到,不同大小时间步长计算得到的结果之间差别很小,液滴温度变化趋势一致,相对误差在 $\pm1\%$ 以内,满足无关性条件要求。为了在保证较高的计算精度的同时提高计算速度,水力学模型最终选定的时间步长为 $\tau_1=10^{-7}$ s,动力学模型选定的时间步长为 $\tau_2=10^{-5}$ s,迭代截止误差设置为 10^{-7}。为了进行模型验证,将书中的计算结果与实验数值进行对比,得到的温度变化对比曲线如图 2.4 所示。

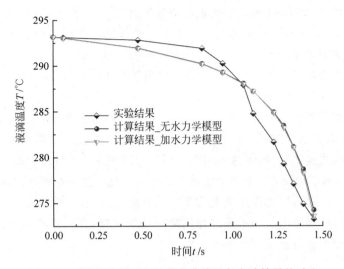

图 2.4　液滴温度随时间的变化曲线及与实验结果的对比

　　从图 2.4 中可以看出,模型的计算结果与赵凯璇等[195]的液滴真空闪蒸的实验结果吻合较好,计算值和实验值误差在±5%以内,说明了所建立的模型准确。另外,图中的添加水力学模型考虑了压力波的传播对液滴蒸发过程的影响,也就是通过水力学模型考虑了快速蒸发阶段,比不考虑水力学模型的温度计算数值要低 1 ℃,与实验结果数值更为接近,计算更加准确,说明了建立的液滴相变模型的优越性。需要指出的是,图中计算值与实验值存在一定的误差,主要原因有 3 点:①真空条件是通过泄压过程使大气压力降低到 40 Pa,压力变化需要一段时间,但是计算过程中直接将压力瞬间降低到 40 Pa,会导致在开始一段时间内计算的液滴温度偏低;②实验中利用热电偶对液滴温度进行测量,采用热电偶测温有一段响应时间,并且热电偶占据一定的液相体积,有一定的热容,再加上热电偶导热等因素,都会对液滴温度变化产生影响;③实验中测量的温度为液滴中心的温度,然而计算过程认为液滴内温度均匀,也会造成一定的误差。但是,总体误差在可接受的范围内。

2.1.4　两种机制的占比分析

　　为了弄清压力变化条件下,压差驱动的静止液滴相变模型中的快速蒸发和热平衡蒸发两种作用机制的占比,模拟了不同压力条件下的液滴蒸发特性,模拟工况包括:冷态工况下的常压条件、环境压力分别为 1 MPa、

2 MPa 以及 AP1000 汽水分离器的蒸汽压力 5.78 MPa，并计算两种机制的比例，两种液滴蒸发机制的占比定义为：快速蒸发机制与热平衡蒸发机制造成的液滴半径的变化量与总的半径变化数值的比值[65]。

　　图 2.5 为常压下、压差 2000 Pa、液滴初始半径为 5 μm 时液滴蒸发过程的半径随时间的变化曲线。图中表明，液滴蒸发过程分为快速蒸发阶段和热平衡蒸发两个阶段，与 2.1 节中的现象描述、机理解释一致。在快速蒸发阶段，液滴表面液膜的压力和环境压力间的压差会驱动液滴表面蒸汽在短时间内快速运动，液滴快速蒸发。虽然液滴快速蒸发阶段时间短，但是液滴蒸发速度很快，也会造成液滴较大的半径变化。热平衡蒸发阶段中，压差驱动液滴快速蒸发的作用机制几乎可以忽略，此时由于液滴处于过热状态，将使液滴在恢复汽液相平衡的作用势下持续蒸发，直到液滴和蒸汽重新达到汽液相平衡或液滴完全蒸干。

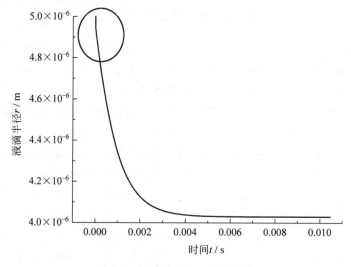

图 2.5　液滴半径随时间的变化

　　从图 2.5 中液滴半径随时间的变化曲线中看到，快速蒸发和热平衡蒸发两种作用机制均会对液滴在压力变化条件下的蒸发行为产生较大的影响，为了弄清两种作用机制在液滴蒸发过程中的比例，通过计算和总结归纳得到了液滴蒸发的图谱，图 2.6 所示为不同工作压力 p 条件下液滴蒸发的两种机制占比图谱。图中，1% 表示快速蒸发作用机制引起的液滴半径变化值与整个液滴蒸发过程总的半径变化量之比为 1%。本书中选定快速蒸发作用机制引起的液滴蒸发占比小于 1% 时，蒸发机制主要为热平衡作用机制,称为汽液相平衡或者热平衡作用区;快速蒸发作用机制引起的液滴蒸发占比大于等于 99% 时,蒸发机制主要为快速蒸发作用机制,称为快速蒸发作用区,介于 1%～99% 时为两种作用机制共同起作用,称为综合作用区。

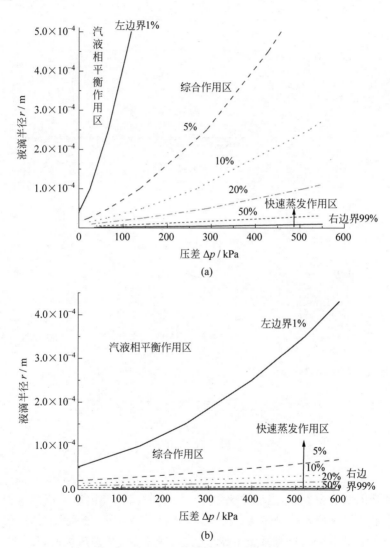

图 2.6　不同工作压力 P 条件下液滴蒸发的两种机制占比图谱

(a) 常压;(b) $p=1$ MPa;(c) $p=2$ MPa;(d) $p=5.78$ MPa

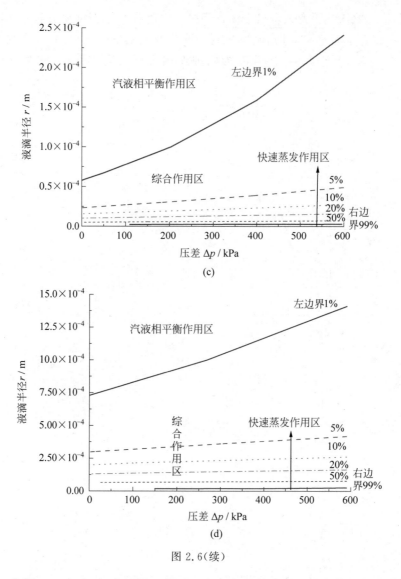

图 2.6(续)

从图 2.6 中看到,当压差比较小、液滴半径较大时,液滴蒸发过程主要由汽液相平衡蒸发机制主导;反之,当液滴半径较小、压差较大时,液滴蒸发过程主要由快速蒸发机制主导。这主要是因为,压差较大时,较大的压差会驱使快速蒸发阶段液滴的蒸发更为快速,且对于相同大小的蒸发速度,液滴半径越小,由蒸发引起的液滴半径变化百分比数值越大,反之亦然。需要指出,图中大多数区域处于综合作用区域,即快速蒸发作用机制和汽液相平衡蒸发作用机制共同作用,说明了静止液滴在压力变化条件下的蒸发过程是快速蒸发以及汽液相平衡蒸发两种机制共同作用的综合结果。另外,图 2.6 中 4 种不同工作压力工况下的蒸发图谱表明,随工作压力 p 增加,快速蒸发机制的比例减小,汽液相平衡机制比例增加,这主要是由于随工作压力 p 增加,汽液两相的物性参数差异减小并逐渐趋于一致,且压力越大,对同样的压差,物性参数的变化也越小。

根据上述液滴蒸发的图谱,在计算之前便可以初步预估液滴蒸发处于哪种作用区,提前决定选择哪种模型进行液滴蒸发过程求解,在一定程度上可以通过对液滴蒸发行为和蒸发的控制机理进行预判,提高计算效率,节省计算时间。

2.1.5　参数特性分析

为了更好地对压力变化条件下静止单液滴相变模型进行理解,分别针对以下 3 种工况条件下的液滴蒸发特性进行分析:①冷态条件下(常压下,压力为 0.101 325 MPa);②AP1000 汽水分离器的蒸汽压力 5.78 MPa 下;③岭澳汽水分离器的蒸汽压力 6.89 MPa[65,66] 下。分析工作压力、液滴初始半径和压差对液滴蒸发特性的影响。

(1) 冷态条件下的参数特性分析

冷态条件下,压力为常压,也就是压力为 0.101 325 MPa,此工况条件通常为冷态模拟实验的工况。由于汽水分离器中液滴半径大多数在几十微米到几百微米之间[1],液滴尺寸较小,因此选择液滴半径分别为 5 μm、50 μm、500 μm 的三种尺寸的液滴进行液滴初始半径参数分析。参考清华大学核能与新能源技术研究所的张璜[62]关于不同型号波纹板进出口总压降的计算结果,进行压差对于液滴蒸发特性的分析,选取 1510 Pa、2954 Pa、4095 Pa 这三种不同的压差进行分析。最终计算得到常压下压差对不同半径液滴相变特性的影响和冷态工况下不同压差对应的不同初始半径液滴的半径变化百分比,结果如图 2.7 和图 2.8 所示。

从图 2.7 中可以看到压差对液滴相变特性影响较大,随着液滴初始压力与环境压力之间的压差增加,对于相同尺寸的液滴蒸发量增加,达到热力学平衡后的液滴半径越小,并且随着压差的增加,达到热力学平衡后液滴半径之间的差值逐渐减小。这主要是因为,压差越大,液滴与环境之间的参数差别越大,蒸发过程的驱动力也越大,导致液滴蒸发量增加。另外,从图 2.8 中的液滴半径变化百分比,以及对比相同压差条件下不同初始半径的液滴的变化曲线可以看到,液滴初始半径越大,达到热平衡时液滴半径变化比例越大,对于半径为 500 μm 的液滴,半径变化将近 20%～50%,蒸发量越大。液滴初始半径为 5 μm 时,液滴半径变化很小,只有 2%～5%。这主要是因为液滴初始半径越大,液滴本身的储热量越大,在压差变化相同时,需要更长的时间和更大的传热传质量才能使液滴达到热力学平衡,液滴的蒸发量也相应增大。

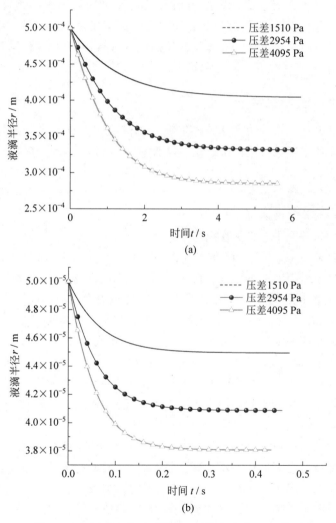

图 2.7　常压下压差对不同半径液滴相变特性的影响

(a) $r_0 = 500$ μm; (b) $r_0 = 50$ μm; (c) $r_0 = 5$ μm

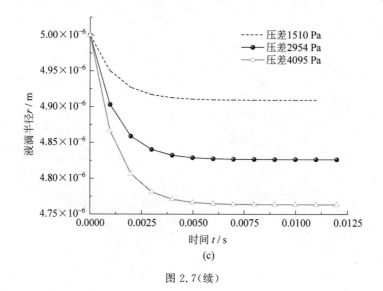

(c)

图 2.7(续)

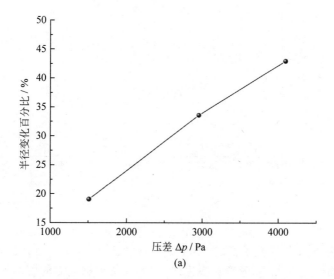

(a)

图 2.8　冷态工况下不同压差对应的不同初始半径液滴的半径变化百分比

(a) $r_0=500\ \mu m$；(b) $r_0=50\ \mu m$；(c) $r_0=5\ \mu m$

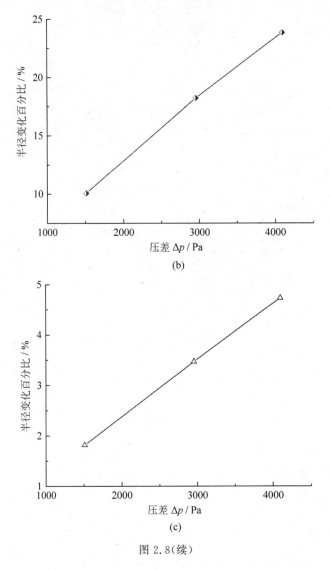

图 2.8(续)

张璜[62]在其研究中指出,当液滴半径大于 13.75 μm 时,液滴可以被波纹板分离器完全分离,分离效率达到 100%。则根据建立的模型可以计算得到蒸发后液滴半径为 13.75 μm,对应的是液滴的初始半径,即临界液滴半径,得到的常压下不同压差对应的液滴初始临界半径的曲线如图 2.9 所示。

从图 2.9 中可以看出,随着压差的增加,液滴初始临界半径逐渐增加,这主要是因为压差越大液滴的蒸发量越大,半径变化也越大,因此对应的液滴初始临界半径也越大。

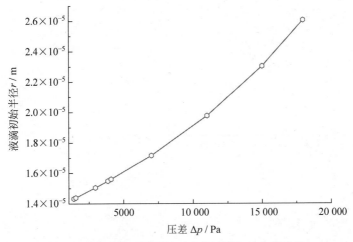

图 2.9　常压下不同压差对应的液滴初始临界半径

（2）AP1000 汽水分离器的蒸汽压力 5.78 MPa 下的参数特性分析

上述研究得到了冷态条件下液滴的相变特性并进行了参数分析。为了分析环境压力对液滴蒸发特性的影响，对 AP1000 汽水分离器的蒸汽压力 5.78 MPa[62] 条件下的液滴相变特性进行计算分析。计算得到的热态工况下压差对不同半径液滴相变特性的影响结果如图 2.10 所示。

图 2.10 中热态工况下压差对液滴相变特性的影响与图 2.7 中常压下的影响结果趋势基本一致，均随着液滴初始压力与环境压力之间的压差增加，达到热力学平衡后的液滴半径越小。同时，对比图 2.10 和图 2.7 可以

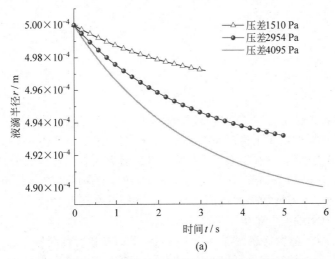

(a)

图 2.10　热态工况下压差对不同半径液滴相变特性的影响

(a) $r_0 = 500\ \mu m$；(b) $r_0 = 50\ \mu m$；(c) $r_0 = 5\ \mu m$

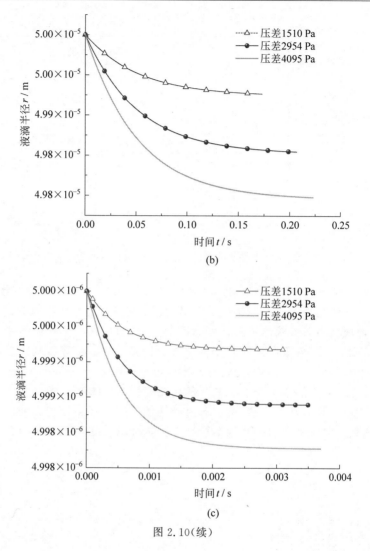

图 2.10(续)

明显看到,工作压力增加之后,液滴的半径变化明显减小,冷态工况条件下 500 μm 液滴半径变化将近 20%～50%,而在热态工况条件 5.78 MPa 下液滴半径变化很小,只有 2%～4%,这主要是因为随着工作压力的增加,汽液两相参数逐渐趋于一致,且处于相同的压差时,对应的蒸汽参数的变化逐渐减小,另外,压力增加导致自扩散系数以及蒸发冷凝系数减小,致使液滴蒸发变慢,液滴的蒸发量也相应减小。

(3) 岭澳蒸发器运行压力 6.89 MPa 下的参数特性分析

从上面的计算结果可以知道,工作压力较高时液滴蒸发较小,并且波纹板分离器中压降较小,最终导致液滴的蒸发量很小,液滴的半径变化百分比也较小。为了观察液滴从产生之后到汽水分离器出口的全过程的相变特性,参考陈军亮等[22]关于岭澳核电站蒸发器的分离器和干燥器的总压降研究结果 17.98 kPa 进行计算,工作压力 6.89 MPa,得到的计算结果如图 2.11 所示。

从图 2.11 中可以看出,从液滴产生到分离器出口的全过程中,对于尺寸较大的液滴其半径变化大约为 10%,而对半径在几微米和几十微米量级的液滴半径变化很小,基本上不到 1% 的量级,因此在考虑汽水分离器中液

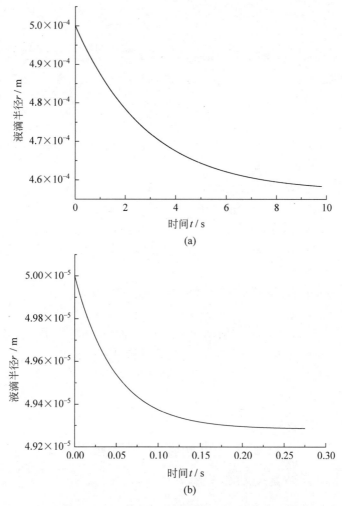

图 2.11　压差对不同半径液滴相变特性的影响

(a) $r_0 = 500\ \mu\mathrm{m}$; (b) $r_0 = 50\ \mu\mathrm{m}$; (c) $r_0 = 5\ \mu\mathrm{m}$

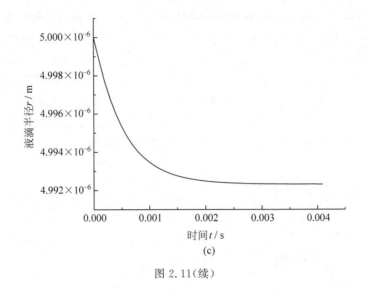

图 2.11(续)

滴相变过程时可以重点考虑半径为几百微米量级的较大液滴,而对于小液滴的相变过程可以忽略。

通过上述的参数特性分析,主要归结出以下 5 点结论和规律:

(1) 随着工作压力增加,汽液相逐渐趋于一致,且蒸汽的自扩散系数及蒸发冷凝系数随着压力的增加而减小,同样条件下液滴的蒸发速率变慢。

(2) 当液滴周围环境压力发生变化时,液滴半径越小,重新达到热平衡所需要的时间越短。

(3) 在液滴周围环境压力变化相同时,尺寸较大的液滴,蒸发时间长,半径变化比例较大。

(4) 其他条件相同时,液滴初始压力与环境压力之间的压差越大,液滴蒸发过程越剧烈,半径变化越大,达到热平衡时的液滴半径越小。

(5) 随着工作压力的升高,液滴由于相变造成的半径变化百分比逐渐减小。

2.2　液滴运动相变模型

2.2.1　单液滴运动相变模型

液滴在汽水分离器中的运动相变过程如图 2.12 所示。液滴的半径为 r、温度为 T_r、压力为 P_r,其在温度、压力分别为 T_{nr}、P_{nr} 的蒸汽环境中不

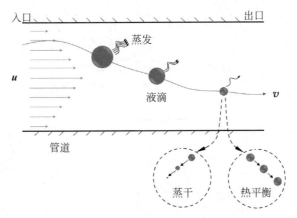

图 2.12　液滴运动相变过程

断运动并进行蒸发或者冷凝。液滴在汽水分离器中运动时由于阻力和结构的变化造成压力降低,压力开始降低瞬间压力波以波速快速传播,造成液滴表面蒸汽会快速运动,液滴快速蒸发,称为快速蒸发阶段;之后为了恢复汽液相平衡,液滴继续持续蒸发,直至重新达到相平衡或者液滴蒸干,称为热平衡蒸发阶段。

　　为此,汽水分离器中液滴运动相变的过程可以表述为,液滴在初速度和流场作用力的作用下不断在汽水分离器中运动,液滴在从一个位置运动到达下一个位置的过程中,由于液滴表面和周围环境之间的压差以及流场参数的变化会导致液滴快速蒸发或者热平衡蒸发,液滴在整个运动的过程中一直不断相变。

　　对于本模型的基本假设参照本书 2.1.2 节中的假设。张谨奕[33]根据液滴三维运动的机理分析得到了液滴在流场中运动时的受力情况,包括自身重力、流体对液滴的浮力、流体的流动曳力、附加质量力、马格努斯(Magnus)升力和萨夫曼(Saffman)升力[169]。液滴在流场中运动时的受力分析如图 2.13 所示。液滴三维运动模型的基本方程包括液滴位移方程、速度方程和转动方程。

　　对于液滴转动方程,旋转速度 $\boldsymbol{\omega}(t)$ 方程为

$$I\frac{\mathrm{d}\boldsymbol{\omega}}{\mathrm{d}t}=\boldsymbol{M} \tag{2.38}$$

式中,液滴转动惯量为 $I=2mr^2/5$;$\boldsymbol{M}$ 为流场对液滴作用的转矩,即流场施加给液滴的合力矩,$\boldsymbol{M}=-0.5\rho_{\mathrm{f}}C_M r^5|\boldsymbol{\omega}-\boldsymbol{\Omega}/2|(\boldsymbol{\omega}-\boldsymbol{\Omega}/2)$,$\boldsymbol{\Omega}$ 为流场旋

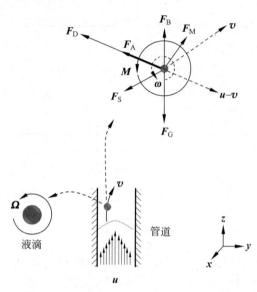

图 2.13　液滴在流场中运动时的受力分析

度，$\boldsymbol{\Omega} = \nabla \boldsymbol{u}$，$C_\mathrm{M}$ 为转矩系数。

对于液滴运动速度方程，液滴的运动速度 $\boldsymbol{v}(t)$ 方程为

$$m \frac{\mathrm{d}\boldsymbol{v}}{\mathrm{d}t} = \boldsymbol{F}_\mathrm{D} + \boldsymbol{F}_\mathrm{A} + \boldsymbol{F}_\mathrm{V} + \boldsymbol{F}_\mathrm{M} + \boldsymbol{F}_\mathrm{S} \qquad (2.39)$$

式中，液滴的质量为 $m = 4\pi\rho_\mathrm{d} r^3/3$，$\rho_\mathrm{d}$ 为液滴的密度；流动曳力为 $\boldsymbol{F}_\mathrm{D} = \pi C_\mathrm{D} \rho_\mathrm{f} |\boldsymbol{u} - \boldsymbol{v}| (\boldsymbol{u} - \boldsymbol{v}) r^2/2$，$\rho_\mathrm{f}$ 为流体的密度，$\boldsymbol{u}$ 为入口蒸汽流动速度，C_D 为曳力系数；附加质量力为 $\boldsymbol{F}_\mathrm{A} = 2\pi\rho_\mathrm{f} r^3 [\mathrm{d}(\boldsymbol{u} - \boldsymbol{v})/\mathrm{d}t]/3$；体积力是重力和浮力的合力，$\boldsymbol{F}_\mathrm{V} = \boldsymbol{F}_\mathrm{G} - \boldsymbol{F}_\mathrm{B} = 4\pi r^3 (\rho_\mathrm{d} - \rho_\mathrm{f}) g/3$，$\boldsymbol{g}$ 为重力加速度；Magnus 升力为 $\boldsymbol{F}_\mathrm{M} = \pi C_\mathrm{Ma} \rho_\mathrm{f} r^3 (\boldsymbol{u} - \boldsymbol{v}) \times (\boldsymbol{\omega} - \boldsymbol{\Omega}/2)$，$C_\mathrm{Ma}$ 为升力系数；Saffman 升力为 $\boldsymbol{F}_\mathrm{S} = 6.46 C_\mathrm{Sa} r^2 (R_\mu)^2 |\boldsymbol{\Omega}|^{-0.5} (\rho_\mathrm{f}\mu_\mathrm{f})^{0.5} [(\boldsymbol{u} - \boldsymbol{v}) \times \boldsymbol{\Omega}]$，$C_\mathrm{Sa}$ 为升力系数，$(R_\mu)^2$ 用于表示液滴内部的环流对升力影响的大小[33]，μ_f 为流体的动力黏度。C_M、C_Ma、C_Sa、C_D 等力和力矩系数参考张谨奕和张璜的研究结果[33,62,169]。具体表达式参见附录 A。

液滴位移 $\boldsymbol{x}(t)$ 方程为[196]

$$\frac{\mathrm{d}\boldsymbol{x}}{\mathrm{d}t} = \boldsymbol{v} \qquad (2.40)$$

上述液滴三维运动模型结合 2.1 节中压力变化条件下静止单液滴相变模型，可得到总的单液滴运动相变模型基本方程。

(1) 当 $t \leqslant t_\mathrm{p}$ 时,液滴相变过程为快速蒸发阶段,单液滴运动相变基本方程组为

$$
\begin{cases}
\dfrac{\mathrm{d}\boldsymbol{x}}{\mathrm{d}t} = \boldsymbol{v} \\[2mm]
\dfrac{\mathrm{d}\boldsymbol{\omega}}{\mathrm{d}t} = \lambda_1 C_\mathrm{M} \left| \boldsymbol{\omega} - \dfrac{\boldsymbol{\Omega}}{2} \right| \left(\boldsymbol{\omega} - \dfrac{\boldsymbol{\Omega}}{2} \right) \\[2mm]
\dfrac{\mathrm{d}\boldsymbol{v}}{\mathrm{d}t} = \lambda_2 C_\mathrm{D} \left| \boldsymbol{u} - \boldsymbol{v} \right| (\boldsymbol{u} - \boldsymbol{v}) + \lambda_3 C_\mathrm{Ma} (\boldsymbol{u} - \boldsymbol{v}) \times \left(\boldsymbol{\omega} - \dfrac{\boldsymbol{\Omega}}{2} \right) + \\[2mm]
\qquad\quad \lambda_4 C_\mathrm{Sa} \left| \boldsymbol{\Omega} \right|^{-0.5} [(\boldsymbol{u} - \boldsymbol{v}) \times \boldsymbol{\Omega}] + \lambda_5 \boldsymbol{g} \\[2mm]
\dfrac{\mathrm{d}r}{\mathrm{d}t} = -\dfrac{n}{n-1} \dfrac{\mathrm{Sh}D_\mathrm{v}}{2\rho_\mathrm{d} r} (\rho_r - \rho_{nr}) \\[2mm]
\dfrac{\mathrm{d}T}{\mathrm{d}t} = \dfrac{3}{\rho_\mathrm{d} c_p r^2} \left[hr(T_{nr} - T) - \dfrac{n}{n-1} \gamma \mathrm{Sh}D_\mathrm{v}(\rho_r - \rho_{nr}) \right]
\end{cases}
\tag{2.41}
$$

(2) 当 $t > t_\mathrm{p}$ 时,液滴相变过程为热平衡蒸发阶段,单液滴运动相变基本方程组为

$$
\begin{cases}
\dfrac{\mathrm{d}\boldsymbol{x}}{\mathrm{d}t} = \boldsymbol{v} \\[2mm]
\dfrac{\mathrm{d}\boldsymbol{\omega}}{\mathrm{d}t} = \lambda_1 C_\mathrm{M} \left| \boldsymbol{\omega} - \dfrac{\boldsymbol{\Omega}}{2} \right| \left(\boldsymbol{\omega} - \dfrac{\boldsymbol{\Omega}}{2} \right) \\[2mm]
\dfrac{\mathrm{d}\boldsymbol{v}}{\mathrm{d}t} = \lambda_2 C_\mathrm{D} \left| \boldsymbol{u} - \boldsymbol{v} \right| (\boldsymbol{u} - \boldsymbol{v}) + \lambda_3 C_\mathrm{Ma} (\boldsymbol{u} - \boldsymbol{v}) \times \left(\boldsymbol{\omega} - \dfrac{\Omega}{2} \right) + \\[2mm]
\qquad\quad \lambda_4 C_\mathrm{Sa} \left| \boldsymbol{\Omega} \right|^{-0.5} [(\boldsymbol{u} - \boldsymbol{v}) \times \boldsymbol{\Omega}] + \lambda_5 \boldsymbol{g} \\[2mm]
\dfrac{\mathrm{d}r}{\mathrm{d}t} = \dfrac{1}{\rho_\mathrm{d}} \dfrac{2\alpha}{2-\alpha} \sqrt{\dfrac{M}{2\pi R}} \left(\dfrac{P_1}{\sqrt{T_1}} - \dfrac{P_\mathrm{g}}{\sqrt{T_\mathrm{g}}} \right) \\[2mm]
\dfrac{\mathrm{d}T}{\mathrm{d}t} = \dfrac{3}{\rho_\mathrm{d} c_p r} \left[h(T_{nr} - T) + \gamma \rho_\mathrm{d} \dfrac{\mathrm{d}r}{\mathrm{d}t} \right]
\end{cases}
\tag{2.42}
$$

式中,$\lambda_1 \sim \lambda_5$ 为相应的归一化系数,表达式为: $\lambda_1 = -15\rho_\mathrm{f}/16\pi\rho_\mathrm{d}$, $\lambda_2 = 3\rho_\mathrm{f}/(8\rho_\mathrm{d} r + 4\rho_\mathrm{f} r)$, $\lambda_3 = 3\rho_\mathrm{f}/(4\rho_\mathrm{d} + 2\rho_\mathrm{f})$, $\lambda_4 = [1.615(\mu_\mathrm{d} + 2\mu_\mathrm{f}/3)^2/(\mu_\mathrm{d} + \mu_\mathrm{f})^2 (\mu_\mathrm{f} r_\mathrm{f})^{0.5}]/(\rho_\mathrm{d} \pi r/3 + \rho_\mathrm{f} \pi r/6)$, $\lambda_5 = 2(\rho_\mathrm{d} - \rho_\mathrm{f})/(2\rho_\mathrm{d} + \rho_\mathrm{f})$[62]。

　　根据上述数学模型(2.41)和模型(2.42),结合气体的状态方程,若初始条件、边界条件已知,便可以求解模型。单液滴运动相变模型符合 $y' = f(x, y)$ 的微分方程基本形式,通过经典的 4 阶龙格库塔法求解,差分格式为显式格式,先通过龙格库塔法在一个时间步长内求解液滴的运动方程,然后在液滴运动方程时间步长中迭代求解液滴的相变方程,循环往复直至结

束,可通过 C++软件自主编程实现此模型的求解。

2.2.2　多液滴运动相变模型

　　上述内容研究的是单个液滴在运动过程中的相变模型,但是在汽水分离器、安全壳喷淋、燃油喷雾、喷淋洗涤塔等设备的实际运行过程中,存在大量的液滴,液滴数量甚至可以达到百万的量级[1],并且由于液滴数量较大,无法跟踪每一个液滴,因此需要借助统计学规律,采用特征液滴或者代表液滴的方法,通过液滴分布概率密度函数描述液滴的整体分布,建立多液滴在运动和相变过程中的数学表述,以便更好地描述多个液滴的运动相变行为。

　　本书所研究的内容涉及含有大量液滴的工况,可以通过液滴数目分布的概率密度函数(number density function,NDF)来表示大量液滴的统计规律。假设 NDF 的表达式为 $f(\boldsymbol{X},\boldsymbol{V},r,t)$,表达式中 $\boldsymbol{X}$、$\boldsymbol{V}$、r 分别为空间位置、速度和半径等相关变量,则相应的 $f(\boldsymbol{X},\boldsymbol{V},r,t)\mathrm{d}\boldsymbol{X}\mathrm{d}\boldsymbol{V}\mathrm{d}r$ 的意义为:t 时刻在空间位置 $\boldsymbol{X}$ 点上,速度为 $\boldsymbol{V}$ 和半径为 r 的液滴在 $\mathrm{d}\boldsymbol{X}\mathrm{d}\boldsymbol{V}\mathrm{d}r$ 空间范围内的液滴数量。关于概率密度函数的具体定义可以参见张璜[62]的研究结果。

　　汽水分离器在满功率运行过程中,其运行状态一般保持稳定,液滴产生稳定,且基本不随时间变化,则可以认为概率密度函数各个变量之间保持相互独立,则有

$$f(\boldsymbol{X},\boldsymbol{V},r,t) = f_{\boldsymbol{X}}(\boldsymbol{X},t)f_{\boldsymbol{V}}(\boldsymbol{V},t)f_R(r,t) \tag{2.43}$$

　　式(2.43)的物理意义为在设备稳定运行时,液滴的总概率密度函数可以表示为各个分量的概率密度函数的乘积的形式。则根据液滴稳定假设,可以将大量液滴分别按照位置、半径、速度等变量参数进行分组,每一组内的液滴采用一定数量的特征液滴或者代表液滴,来代表一组内所有液滴,即通过特征液滴将大量液滴进行分群和分组。

　　特征液滴或者代表液滴的定义为:在弥散液滴流场中,在一定空间点 $(\boldsymbol{X}',\boldsymbol{V}',r')$ 周围存在大量液滴,如果这些液滴的位置、速度、半径等参数可用这些液滴的平均值 $(\boldsymbol{X},\boldsymbol{V},r)$ 来表示,那么位置、速度、半径为 $(\boldsymbol{X},\boldsymbol{V},R)$ 的液滴可以用来代表这一组液滴,称为特征液滴,如图 2.14 所示,图中,空心实线圆表示空间点 $(\boldsymbol{X}',\boldsymbol{V}',R')$ 周围的大量实际液滴,实心圆表示特征液滴,实线内为一组选定的液滴群,通过特征液滴的方法不仅可以将液滴分布概率密度函数进行离散,而且可以大大减少计算过程中追踪的液滴数目,极大地减少计算量,提高计算速度,同时保证计算精度。

　　在进行液滴分组分群时,最常用的方法是将空间进行线性分段,根据上

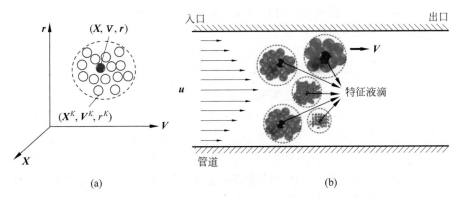

图 2.14　特征液滴[62]（a）和管道内多组特征液滴（b）

述特征液滴的定义,假如每组液滴的 X、V、r 三个变量的间距分别为 ΔX、ΔV 和 Δr,则可以将所有液滴按照三个变量划分为 N_x、N_v、N_r 组,并且三个变量相互独立,则所有液滴总的分组数量为

$$N = N_x N_v N_r \tag{2.44}$$

在采用特征液滴方法进行了液滴分群后,可以通过统计学方法来获得不同组别的液滴的数量和概率密度,进而得到液滴数目的概率密度分布函数,以进行大量特征液滴的追踪。

因此,根据上述的特征液滴分群方法和液滴数目的概率密度分布函数,结合建立的液滴运动相变模型便可以进行汽水分离器、安全壳喷淋中大量液滴的模拟仿真,模拟大量液滴的运动相变过程。具体的多液滴运动相变模型求解方法,如图 2.15 所示,首先根据初始条件和边界条件将大量液滴按照特征液滴方法进行分组,得到初始时刻液滴在入口位置处的 NDF,在一个液滴运动时间步长内逐个求解全部特征液滴的运动方程,运动方程求解完成后,在每一个运动时间步长内按照液滴相变的时间步长逐个迭代求解全部特征液滴相变模型,并存储新的 NDF 信息,至此一个时间步长内完整的液滴运动相变过程求解完成;之后进行截止条件判定,满足终止条件

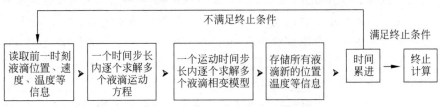

图 2.15　多液滴运动相变模型求解流程

则跳出迭代循环,否则继续进行液滴运动相变过程迭代计算。整个算法可以通过 C++自主编程实现。

2.2.3　液滴运动相变模型验证

　　由于目前尚未发现多个液滴在蒸汽环境中运动蒸发的实验,因此无法直接进行多液滴运动相变模型验证,为此,将模型的验证分为 3 部分进行:①与波纹板分离器中蒸汽携带多液滴运动实验得到的分离效率结果进行对比,验证多液滴运动模型;②将模型用于重力分离空间内均匀流场中液滴的运动相变特性分析,同时进行模型验证,验证单液滴运动相变模型;③与液滴闪蒸实验对比,进行压力变化条件下的静止液滴相变模型验证,这部分已经在 2.1.3 节中完成。

　　(1)多液滴运动模型验证——波纹板分离器分离效率实验对比验证

　　为了更好地验证多液滴运动模型(此时不考虑液滴相变),将其与庞凤阁等[12]进行的波纹板分离器的分离效率实验结果进行对比。选用的波纹板为无钩双波波纹板,波纹板具体参数为节长 25 mm,板间距 8.33 mm,折转角 45°。波纹板中的气相为空气,工作压力为常压,入口处空气速度为 3 m/s。通过欧拉-拉格朗日方法进行计算,先采用 Fluent 软件计算得到波纹板中的蒸汽流场参数,之后将流场参数导入到通过 C++编写的液滴运动相变模型程序中,通过拉格朗日方法进行液滴运动相变过程的模拟。在计算中假定液滴撞击到壁面上之后直接被壁面捕捉,而分离出汽水分离器,同时忽略了二次液滴的产生。波纹板入口处的液滴质量正态分布如图 2.16 所示,为了便于计算进行了数据拟合。

　　计算得到的波纹板中流场的压力云图和速度云图如图 2.17 所示。图 2.17 显示,在波纹板的拐弯位置处,由于流动方向发生变化,流速快速增加,相应的压力快速降低,会产生一定的漩涡。

　　最终得到波纹板分离效率如图 2.18 所示,计算值与实验值的相对误差为±2%以内,吻合良好,说明了数学模型的正确性,可将多液滴运动模型用于后续的多液滴运动过程模拟中。需要指出,当液滴速度大于 5 m/s 时,实验结果中出现了一个明显的拐点,而计算结果中没有这一拐点,产生误差的主要原因是,当速度较高时液滴撞击到分离器壁面会造成液膜、液滴破碎产生二次液滴,导致分离效率下降。

　　(2)单液滴运动相变模型验证——重力分离空间内均匀流场中液滴的运动相变特性分析验证

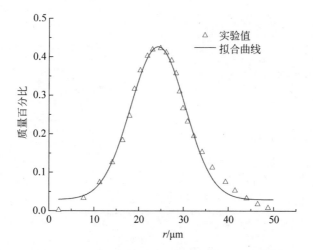

图 2.16　波纹板入口处的液滴质量正态分布[12]

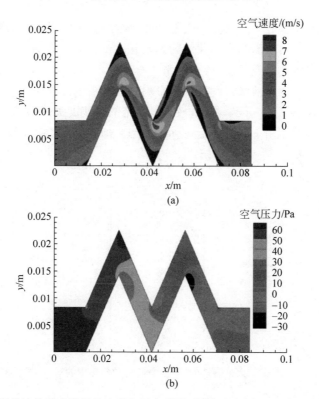

图 2.17　无钩波纹板中流场的速度和压力云图(常压、空气、$u=3$ m/s,见文后彩图)

(a) 速度云图；(b) 压力云图

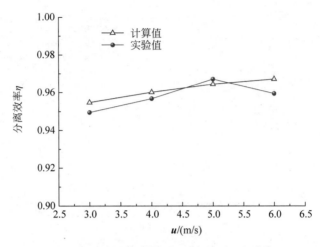

图 2.18　分离效率计算值与实验值对比[12]

　　为了验证单液滴运动相变模型的正确性,运用建立的运动相变模型对重力分离空间均匀流场中的液滴的运动相变特性进行研究,通过对比分析验证建立的运动相变模型,分析在重力分离空间内的均匀流场中液滴运动过程中相变特性对液滴运动行为的影响。液滴在重力空间均匀流场中的运动示意图如图 2.19 所示,其中,液滴以一定的初速度被蒸汽携带着,在重力和流动曳力的作用下竖直向上运动,直至运动出管道或者重新落回到进口位置。

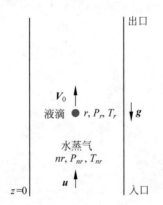

图 2.19　液滴在重力空间均匀流场中的运动

　　张谨奕[33]、马超[1]、陈军亮等[22]的研究结果表明,汽水分离器中的液滴半径大多数处于 5～500 μm,总压降一般小于 5 kPa,蒸汽流速一般低于

5 m/s,液滴初速度小于 6 m/s。因此,本节选定的计算条件为,蒸汽夹带液滴在重力分离空间内的均匀流场中运动,运动方向竖直向上,蒸汽速度 2 m/s,液滴初始速度 0.5 m/s,几何空间高度 1.4 m,液滴的初始半径 r_0 为 20～500 μm。假定空间进出口压差为 4000 Pa,压力沿运动方向线性下降(重力分离空间实际运行的压降较小,在此为了更好地进行液滴运动相变对比和参数分析,人为地假定了较大的进出口压差)。计算得到了液滴竖直方向上的位移 z 随时间 t 的变化规律,曲线如图 2.20 所示。

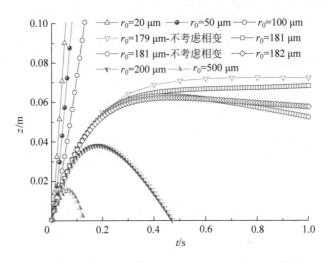

图 2.20　液滴初始半径对液滴位移的影响(见文后彩图)

对比图 2.20 的结果与文献[33]中重力空间内液滴的分离高度结果,发现两者的结果一致,说明编写的液滴运动模型的正确性。当液滴半径较小时更容易被蒸汽夹带逃逸出重力空间,当液滴半径较大时,液滴在竖直向上的方向上运动一段距离之后,因为重力作用大于流动曳力作用,又落回到入口处的自由液面处。从图 2.20 中可以看到,当考虑液滴运动过程中的相变时,可分离的液滴临界半径为 182 μm,即半径不小于 182 μm 的大液滴会在重力作用下被分离出重力空间,半径小于 182 μm 的液滴逃逸出重力分离空间,当不考虑液滴相变时,重力分离的临界液滴半径为 179 μm。与不考虑液滴相变结果对比,考虑液滴相变时,运动过程中液滴不断蒸发,液滴尺寸不断减小,液滴随流性增强、更易被蒸汽流夹带逃逸出分离空间,致使临界半径变大,与不考虑相变结果相比考虑相变时更大初始半径的液滴才可能被分离,造成分离效率下降。

　　为了定性分析液滴运动相变模型,了解液滴在运动相变过程中的运动和相变等微观行为,计算了不同进出口压差条件下液滴在重力空间内均匀流场中运动过程中的运动相变特性。计算工况选取 0 Pa、2000 Pa、4000 Pa 三种进出口压差,其他条件与上面的计算参数一致,通过三种压差对比,分析有无相变过程的液滴运动相变特性,并弄清进出口压差逐渐趋近 0 时的渐进变化特性。计算得到在重力空间内均匀流场中液滴的运动相变特性变化曲线,结果如图 2.21 所示。

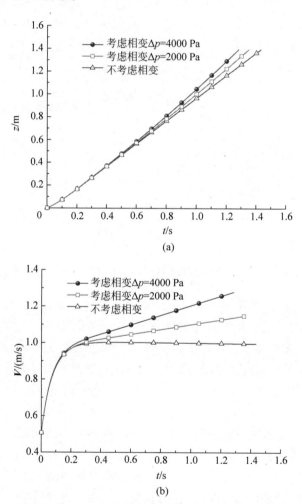

图 2.21　重力空间内均匀流场中液滴的运动相变特性变化曲线
(a) 位移随时间变化;(b) 运动速度随时间变化;(c) 半径随时间变化

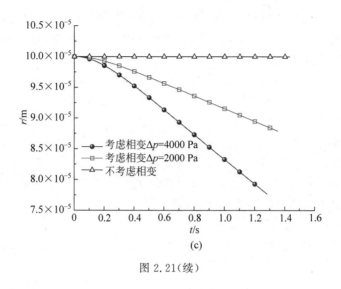

图 2.21(续)

图 2.21 中对比了考虑液滴运动过程的相变与不考虑相变的结果,不考虑相变时,液滴在流动曳力和重力作用下开始一段时间内的加速运动,逐渐达到稳定速度后以恒定速度竖直向上运动;考虑了液滴在运动过程中的蒸发特性后,液滴在不断运动过程中,液滴周围的流场压力不断降低,液滴表面压力和周围流场压力之间的压差驱动液滴快速蒸发,并打破汽液相平衡驱使液滴持续蒸发,液滴半径逐渐减小,且当其他条件相同时,半径越小的液滴重力越小,流动曳力相比于重力的影响越大,随流性越强,使得液滴在运动过程中不断加速,在更短的时间内运动到重力空间出口,得到的这一现象与理论分析结果一致;另外,图 2.21 中曲线表明,当重力空间进出口压差由 4000 Pa 减小到 2000 Pa 直到 0 Pa 时,液滴运动过程中其半径、位移、速度的变化规律均趋近不考虑液滴相变(进出口压差 0 Pa)的结果,也证明了建立的单液滴运动相变模型的正确性。

2.3　算　法　加　速

2.3.1　液滴定位搜索和插值方法

从前述研究中得知,从液滴的微观行为方面出发进行汽水分离机理研究的过程,考虑到分离器中蒸汽携带液滴运动为典型的弥散液滴流,欧拉-拉格朗日方法是一种较为精确的模拟方法[170]。采用欧拉-拉格朗日方法进

行流场中液滴运动相变特性计算时,首先需要液滴定位算法确定液滴所在
位置处的流场网格信息以便确定液滴在流场中的位置,且通常情况下液滴
与网格节点并不完全重合,图 2.22 所示为液滴运动过程的位置与网格节点
相对位置的示意图(圆球代表液滴,虚线代表网格,实线为管道壁面),需要
通过插值方法获得液滴所在位置处的流场信息。本书考虑到流场计算区别
于图像处理过程的特殊性:管道中央位置处主流的流场参数变化较小,而
靠近壁面位置处局部流场梯度较大,为此,可以通过壁面网格加密来实现壁
面网格细化,同时可以采用 1 点插值格式来大大提高查询速度和计算精度,
即提出一种适用于在弥散液滴流的欧拉-拉格朗日方法中搜索液滴周围流
场信息的高效高精度插值方法。

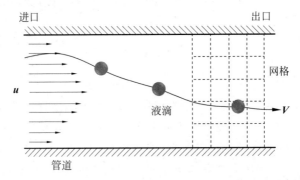

图 2.22　液滴运动过程的位置与网格节点相对位置的示意图

在图像处理中较为常用的插值算法为 1 点插值(最近邻插值)[197]、四点
插值(线性插值)[198]、8 点插值[171]、16 点插值(三次卷积插值)[199]。通过对
常用的插值方法进行对比分析,发现 1 点插值(最近邻插值)方法计算量最
小、计算速度快但误差最大精度低,只能用于对插值质量要求不高的场合,
虽然可以细化网格以保证精度,但是会导致计算效率降低;8 点插值和 16
点插值(三次卷积插值)运算量大、插值效果好,但是运算速度慢,因此在需
要精确插值时经常被用到;4 点插值格式介于两者之间,是一个对插值速
度和插值精度的折中选择。如何找到一个插值速度快同时插值精度也好的
插值算法是插值研究中的关键问题[200]。

在进行液滴周围流场信息的获取时采用的插值方法[62]为:如果已经
获得距离液滴的位置 x_i 最近的 N 个网格点,可以通过距离反比插值方法
得到液滴位置处流场的信息。如果 N 个网格节点处的流场旋度、速度等信
息为 $\boldsymbol{F}^j$(j 为 1～N),则相应的插值方法表达式为

$$\boldsymbol{F} = \sum_{j=1}^{N} \frac{1}{l^{j}} \boldsymbol{F}^{j} \Big/ \sum_{j=1}^{N} \frac{1}{l^{j}} \qquad (2.45)$$

式中，$\boldsymbol{F}$ 为液滴位置 $\boldsymbol{x}_i$ 处的流场信息；l^j 为液滴位置处 $\boldsymbol{x}_i$ 到第 j 个网格节点之间的欧式距离。如果 N 等于 1，则插值方法为 1 点插值；如果 N 等于 4，则插值方法为 4 点插值。图 2.23 为 1 点插值和 4 点插值方法示意图，其中灰色圆球的中心点为液滴，液滴周围为网格，四周的黑色点是网格节点。1 点插值认为液滴位置处的流场参数等于距离其最近的网格节点的流场参数；4 点插值方法认为液滴位置处的流场参数与其周围最近的 4 个网格节点信息相关，并可以通过距离反比权重方法计算得到。另外，如图 2.23 所

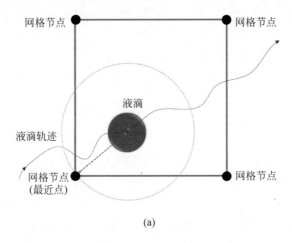

(a)

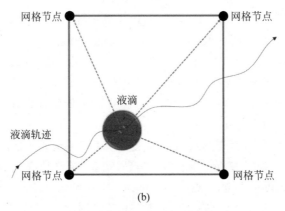

(b)

图 2.23　插值方法(中心点为液滴位置)

(a) 1 点插值；(b) 4 点插值

示,对于二维流场计算,一个节点或者液滴周围的参数主要由附近的最近点或者周围的 4 个点决定,因此在流场计算中采用 8 点插值格式以及三次卷积插值并不是十分合理,同时会增大计算量。为此,选定的插值方法为 1 点插值和 4 点插值。

2.3.2　不同算法性能对比

为了定量分析比较不同插值方法的性能,选取与 2.2.3 节中的波纹板分离器分离效率实验计算条件完全相同的工况和参数进行计算,通过比较不同插值方法的液滴分离效率和计算耗时,对不同的插值方法进行对比分析,并提出一种新的弥散液滴流中液滴周围流场信息搜索的高效、高精度插值方法。

在进行了流场网格无关性验证(相对误差小于 1%)之后,选定流场的网格数目为 5523,其网格的具体结构如图 2.24 中的(a)和(a1),划分为较为均匀的网格,最大网格的边长不超过 0.4 mm,网格无关性的验证是通过与图 2.24(d)和(d1)网格数为 2148 时的稀疏网格进行对比得到的,其网格的最大边长不超过 0.64 mm。考虑到流场的特殊性,管道中央位置处主流的流场参数变化较小,而靠近壁面位置处局部流场的速度和压力梯度较大,为此,可以通过壁面网格加密来实现网格细化,同时可以采用 1 点插值格式来大大提高查询速度和计算精度。壁面网格加密方法参考王福军[201]的关于边界层网格划分的方法,最终划分出 5 层边界层网格来进行壁面的边界层网格加密,第 1 层网格的网格尺寸是原来网格尺寸的 1/4,最大网格的边长不超过 0.4 mm,网格总数为 7364,边界层网格加密后的网格如图 2.24 中的(b)和(b1)所示。为了进行对比,在(a1)流场网格为 5523 的基础上进行了 4 倍整体网格加密(网格尺寸是原来的 1/4,网格总数约为原来的 16 倍,81 684),整体加密后的网格如图 2.24 中的(c)和(c1)所示。图 2.24(e)和(e1)中的网格是在图 2.24(d)和(d1)网格数为 2148 的稀疏网格基础上通过壁面边界层网格加密得到的。

在计算过程中,首先通过欧拉方法计算得到了流场的速度、压力等流动参数,之后需要通过液滴搜索和定位方法来获得液滴所在流场中的位置,获得液滴周围最近的几个节点的信息,本书中的研究采用了 $k\text{-}d$ 树搜索方法[62]和暴力搜索方法来进行查询。其中暴力搜索方法直接比较各个网格节点到液滴的距离,通过比较排序的方法选出距离液滴最近的几个网格节点; $k\text{-}d$ 树搜索方法借助 $k\text{-}d$ 二叉树查询方法来快速查询距离液滴最近的

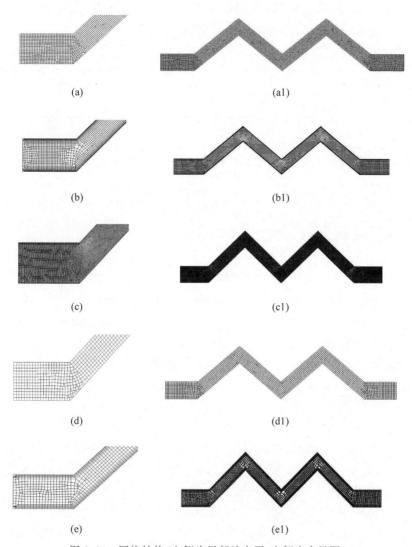

(a)　　　　　　　　　　　　　(a1)

(b)　　　　　　　　　　　　　(b1)

(c)　　　　　　　　　　　　　(c1)

(d)　　　　　　　　　　　　　(d1)

(e)　　　　　　　　　　　　　(e1)

图 2.24　网格结构(左侧为局部放大图,右侧为全局图)

(a) 网格数 5523；(a1) 网格数 5523；(b) 网格数 7364；(b1) 网格数 7364(壁面网格加密)；
(c) 网格数 81 684；(c1) 网格数 81 684(全局网格加密)；(d) 网格数 2148；(d1) 网格数
2148(稀疏网格)；(e) 网格数 3202；(e1) 网格数 3202(稀疏网格壁面加密)

几个网格节点信息,搜索速度较快。

常压下,不同插值格式和网格划分方案条件下,波纹板入口蒸汽速度为
3 m/s 时计算得到的每 36 组入射液滴计算耗时如表 2.1 所示。其中,"KD

search-1-point-No.5523"表示搜索方法为 $k\text{-}d$ 树搜索方法,插值方法为 1 点插值方法,网格结构为图 2.24(a)网格数 5523。

表 2.1 不同方法的耗时表

方 法 编 号	计 算 方 法	耗时/s
1-a	KD search-1-point-No. 5523	58.56
1-b	KD search-1-point-No. 7364	70.39
1-c	KD search-1-point-No. 81684	608.94
2-a	KD search-4-points-No. 5523	180.57
2-b	KD search-4-points-No. 7364	221.03
2-c	BF search-4-points-No. 5523	4286.97
3-a	KD search-1-point-No. 2148	23.97
3-b	KD search-4-points-No. 2148	70.39
3-c	KD search-1-point-No. 3202	28.23
3-d	KD search-4-points-No. 3202	90.67

为了更加清楚地比较几种不同方法的计算耗时情况,绘制了不同插值格式的耗时对比柱状图,如图 2.25 所示,为了更好地进行比较,将方法 1-a 的计算耗时设为 1。对比方法 2-a 和 2-c 可知,$k\text{-}d$ 树搜索方法计算速度比暴力搜索方法要快约 24 倍,这是由于 $k\text{-}d$ 树搜索方法只需要建立一次二叉树,之后只需要进行查询和回溯即可,耗时非常短,而暴力搜索方法在每一次查询过程中均需要遍历所有的网格,将会耗费大量搜索时间,因此在后续的计算中均采用 $k\text{-}d$ 树搜索方法进行液滴周围流场信息的查询和搜索;对比方法 1-b 和 1-c 可知,壁面网格加密和全局网格加密的计算耗时分别为 70.39 s、608.94 s,是参考方法 1-a 的 1.2 倍和 10.5 倍,然而壁面网格加密和 1 点插值方法结合的方法 1-b 的耗时,仍然远远小于 4 点插值方法 2-a,耗时仅仅约为其 1/3,另外,4 点插值方法是 1 点插值方法的 3.1 倍(对比 1-a 和 2-a),也就是说 4 点插值方法会耗费大量的时间,因此,当网格数量较多时,4 点插值方法会导致计算时间大大增加,不利于计算速度的提高,此时 1 点插值方法更适用于网格数量较多的情况。

采用不同方法计算得到的波纹板分离器的分离效率如图 2.26 所示,对比方法 1-a、1-c、3-a 可知,当采用 1 点插值时,分离效率随着网格数量的增多而降低,这是由于计算的分离效率与网格大小有关,只有网格足够小时才能满足网格无关性条件(本计算中网格边长小于 0.4 mm 满足要求),如果液滴距离壁面较近,当网格较大时,通过 1 点插值方法则有可能会得到距离

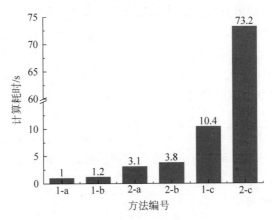

图 2.25 不同插值格式耗时对比

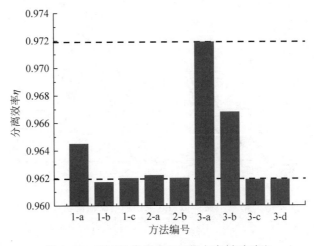

图 2.26 不同插值格式和网格方案耗时对比

液滴最近的网格节点为壁面处的网格节点,即认为液滴碰撞到壁面上被壁面捕捉而被分离除去,因此如图 2.26 所示,方法 3-a 的分离效率要远大于方法 1-a 和 1-c 的效率。另外,对比方法 1-b、1-c、3-c 可明显看到,壁面网格加密可以大大提高分离效率的计算精度,几乎与全局网格加密 4 倍的加密方法 1-c 和 4 点插值方法 2-a 的精度相当,说明了采用壁面网格加密方法的优越性。

图 2.27 给出了波纹板入口速度为 3 m/s、液滴半径为 4.5 μm 时的运动轨迹,由图中 1-a 曲线网格数为 5523 时的 1 点插值对应的液滴轨迹可以

看到,采用 1 点插值格式的液滴在距离波纹板入口位置 0.004 m 的时候会碰撞到壁面被分离除去,而方法 2-a 采用 4 点插值格式进行计算时液滴将逃逸出波纹板。这主要是因为采用 1 点插值算法在靠近波纹板壁面处,离波纹板壁面网格节点很近,液滴很快碰撞到壁面,造成一定的误差。而采用壁面网格加密和全局网格加密可以解决这一问题,即可以通过壁面网格加密和全局网格加密的方法来提高 1 点插值算法的精度。然而,全局网格加密会使计算量快速增加,因此壁面网格加密是一种最好的加密方法。需要指出,其他大小的液滴的运动轨迹在采用不同的计算方法时的对比情况,与图中液滴半径为 4.5 μm 时的运动轨迹情况基本一致,因此只给出了液滴半径为 4.5 μm 时的对比曲线。

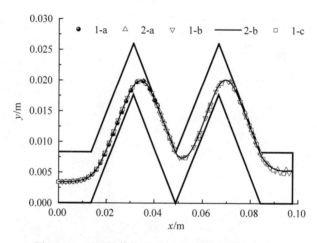

图 2.27　不同插值格式及网格时的液滴轨迹对比

2.3.3　算法加速方法的提出

从上述的结果分析可知,在插值方法的原理上,1 点插值格式与 4 点插值格式相同,只是对网格的疏密程度要求不同,选取的插值特征点的数量不同,1 点插值格式计算速度快,但是计算精度较低,可以通过划分更细的网格来满足较高的精度要求,但是网格细化会使计算量大大增加。对于流场的计算,由于流道中央位置处的主流流场梯度较小、流场变化较小,在此位置采用 1 点插值格式既能保证精度又能提高计算速度;而在靠近流道壁面处流场梯度较大、流场变化剧烈,可以通过壁面网格加密来实现网格细化,此时仍然可以采用 1 点插值格式来获取液滴周围的流场信息,既可以保证计算精度又可以大大提高搜索速度。

　　壁面网格加密方法可以提高搜索精度的原理如图 2.28 所示,对比了采用 1 点插值方法时壁面网格加密与否的液滴分离情况。采用 1 点插值方法时,若将与液滴距离最近的网格节点作为壁面网格节点(速度为 0),则认为液滴会撞击到管道壁面上。因此,图 2.28(a)中液滴将撞击到壁面上而被分

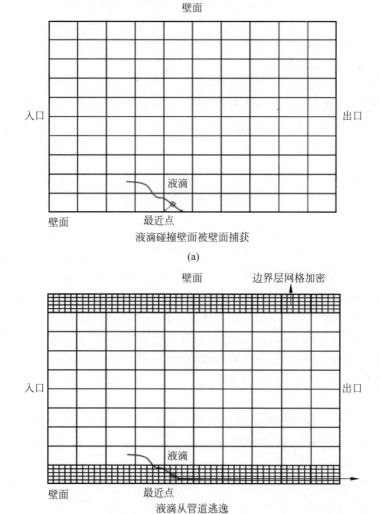

图 2.28　壁面网格加密提高搜索精度的原理

(a) 1 点插值时无壁面网格加密;(b) 1 点插值与壁面网格加密结合

离除去。但是,如果采用图 2.28(b)中的壁面网格加密方法,则距离液滴最近的网格节点不是壁面网格节点,速度也不为 0,液滴的速度一般也不会降低到 0,液滴有可能会继续向前运动,直到逃逸出分离器,造成分离效率下降。

　　综上,计算弥散液滴流中液滴运动、相变行为时,采用欧拉-拉格朗日方法进行液滴-气体两相流动仿真,考虑到管道中央位置处的主流流场变化较小,在此处采用 1 点插值既能保证精度又能提高计算速度,而在壁面位置处流场变化较大,可以通过壁面网格加密来实现网格细化,此时仍然能够采用 1 点插值格式进行流场信息搜索和查询,可以在大大提高查询速度的同时保证较高计算精度。

　　另外,提出的适用于弥散液滴流的欧拉-拉格朗日方法中液滴周围流场信息搜索的高效高精度插值方法,可以进一步拓展其应用范围,应用到采用欧拉-拉格朗日方法进行液滴、固体颗粒等的运动模拟过程计算中,快速、高效地获取流场信息。

2.4　本 章 小 结

　　本章首先在压差驱动液滴相变的现象描述和机理解释基础上,建立了静止液滴在压力变化条件下的相变模型,指出压力变化条件下的液滴相变过程分为快速蒸发和热平衡蒸发两个阶段,快速蒸发阶段主要是由于液滴表面和环境之间的压差驱动液滴快速蒸发,热平衡蒸发阶段是在恢复汽液相平衡的作用下液滴持续蒸发。通过计算获得了不同压力下的液滴蒸发图谱,在计算之前便可以初步预估液滴蒸发处于哪种作用区,提前决定选择哪种模型进行液滴蒸发过程求解,提高计算效率。进行了液滴蒸发过程的参数特性分析,结果表明,液滴寿命与工作压力成正相关,与压差、液滴半径成负相关。

　　接着,结合液滴三维运动模型建立了单液滴运动相变模型,通过引入特征液滴和液滴分布的概率密度函数,建立了多液滴运动相变模型,并分别进行了模型验证。

　　最后,根据流场中主流区流场参数变化缓慢、壁面处流场参数变化剧烈这一特性,提出了一种适用于弥散液滴流的欧拉-拉格朗日方法中液滴周围流场信息搜索的高效高精度插值方法,即最近邻搜索算法与壁面网格加密结合的方法,该方法的计算耗时仅仅是整体网格加密方法的 1/10,且精度较高,大大提高了液滴定位搜索的速度和精度。

第3章 多液滴运动相变单向耦合
模型的应用

第2章中已经阐明,在核电站的汽水分离器中,虽然水蒸气、液滴总体为饱和状态,但是在蒸汽携带液滴不断运动的过程中,由于管道流动阻力或者局部结构的改变造成液滴和蒸汽运动过程中液滴周围压力不断降低,可能会影响液滴的传热、传质特性,液滴在压差驱动下不断蒸发,尺寸不断减小,更容易逃逸出汽水分离器,进而影响汽水分离器的汽水分离特性。目前,还没有关于汽水分离器中液滴传质方面的公开发表论文,因此,采用建立的多液滴运动相变模型进行汽水分离器中液滴运动相变特性研究,以弄清液滴相变对汽水分离器分离性能的影响。

3.1 经典波纹板分离器分离性能研究

在以往汽水分离器分离性能的研究中,大多数是关于波纹板分离器的分离性能和压降特性的研究,这方面的实验、理论和数值研究较多,研究较为充分,大部分研究者得到的相关分离原理的结论一致性较好。为此,本节选取经典波纹板分离器为研究对象,研究液滴在运动过程中的相变特性对分离性能的影响,获得液滴相变对分离性能影响的基本规律,并确保研究结果正确后,在3.2节中选定AP1000汽水分离器为研究对象,进行1:1的全尺寸建模与仿真,研究液滴在AP1000汽水分离器中运动的相变特性对分离性能的影响。

选取的波纹板分离器为庞凤阁等[12]在实验中采用的无钩波纹板分离器,其具体结构参见图2.17。

3.1.1 蒸汽环境中波纹板分离器的分离效率

核电站中汽水分离器的实际运行环境为水蒸气携带液滴流动,工作气体为水蒸气而不是空气,因此对波纹板分离器中液滴在水蒸气环境中的运动相变特性进行分析,若无特别说明本章所涉及的波纹板分离器中的气相

均为水蒸气,之后不再赘述。图 3.1 给出了常压下蒸汽环境中无钩波纹板
的分离效率随入口蒸汽速度的变化曲线。波纹板分离器的分离器效率随着
蒸汽速度的增加而增大,这主要是因为速度增加时液滴动能增大,液滴运动
方向不容易改变,撞击壁面的概率增加,更容易被波纹板分离器除去。通过
曲线拟合得到的指数函数关系式如图 3.1 所示,相关性系数为 0.996。

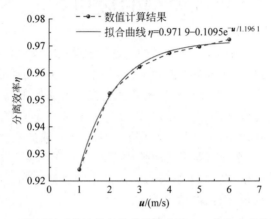

图 3.1   常压下无钩波纹板的分离效率随入口蒸汽速度的变化

图 3.2 给出了蒸汽入口速度为 3 m/s 时,波纹板分离器的分离效率随
运行压力的变化曲线。随着运行压力的增加,汽水分离效率逐渐降低。主
要有三点原因:①随着压力增加水蒸气和水之间的密度差逐渐减小,液滴
更容易被蒸汽携带,随流性更强;②工作压力增加,液滴的密度减小,惯性
相应减小,使液滴在运动过程中更容易改变运动方向而逃逸出分离器;

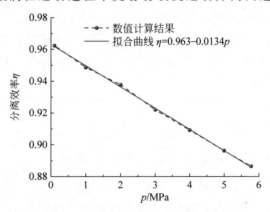

图 3.2   分离效率随运行压力的变化

③工作压力增加,蒸汽密度增加,蒸汽流场施加给液滴的流动曳力和其他作用力增大,液滴更不容易被捕获。

3.1.2　相变对分离效率的影响

　　液滴在汽水分离器中运动时,尽管液滴和水蒸气几乎处于饱和状态,但是随着液滴和蒸汽运动,压力会由于流动阻力和局部阻力的作用不断降低,导致液滴不断蒸发,进而影响分离器的分离性能。利用第 2 章中的液滴运动相变单向耦合模型,计算得到了考虑相变时的波纹板分离器的分离效率 η 和不考虑相变时的分离效率 η_{no},进而定量地分析液滴相变对分离效率的影响,2 波波纹板分离器中,不同入口流速 u 下,分离器进出口压差/压降对分离效率影响的计算结果如表 3.1 所示。另外,为了确保计算结果可信,增加了 4 波波纹板分离器,计算考虑相变时的波纹板分离器的分离效率 η 和不考虑相变时的分离效率 η_{no},结果如表 3.2 所示。4 波波纹板的压力云图如图 3.3 所示,用于分析分离器进出口压差对分离效率的影响,进而分析液滴相变对分离效率的影响。

表 3.1　进出口压差对分离效率的影响(2 波波纹板)

$u/(\mathrm{m/s})$	η	η_{no}	$\Delta p/\mathrm{Pa}$
1	0.924 212	0.924 212	6
3	0.962 232	0.962 232	40
6	0.972 404	0.972 404	163
10	0.976 321	0.976 321	445
12	0.977 828	0.977 828	613
14	0.978 412	0.978 412	828
14.5	0.978 543	0.978 543	896
14.9	0.978 695	0.978 695	952
15	0.978 765	0.978 907	964
15.1	0.978 806	0.978 984 1	980
15.5	0.978 954	0.979 165 1	1 027
16	0.979 152	0.979 394	1 101

表 3.2　进出口压差对分离效率的影响(4 波波纹板)

$u/(\mathrm{m/s})$	η	η_{no}	$\Delta p/\mathrm{Pa}$
3	0.962 242	0.962 242	76
6	0.972 064	0.972 064	301

$u/(\mathrm{m/s})$	η	η_{no}	$\Delta p/\mathrm{Pa}$
8	0.974 596	0.974 596	612
9	0.975 413	0.975 413	785
9.5	0.975 802	0.975 802	873
9.9	0.976 094	0.976 094	939
10	0.976 164	0.976 322	953
10.1	0.976 257	0.976 429	971
10.5	0.976 511	0.976 702	1 028
11	0.976 759	0.976 978	1 092
12	0.977 034	0.977 284	1 212

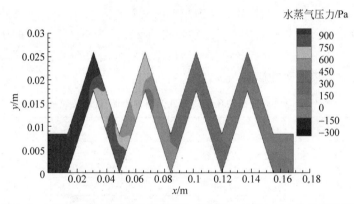

图 3.3　4 波波纹板的压力云图(常压,水蒸气,$u=12$ m/s,见文后彩图)

从表 3.1 和表 3.2 中可以看到,当分离器进出口压差较小时,液滴相变不会对波纹板分离器的分离效率产生影响;但是当进出口压差较大时,如增加到 953 Pa 以上,考虑液滴相变时的分离效率要小于不考虑液滴相变时的分离效率数值。这是由于当进出口压差较大时,液滴会在压差作用下快速蒸发,液滴半径和质量逐渐减小,液滴运动方向更容易改变,更容易被蒸汽携带而逃逸出分离器,导致分离效率降低。这里,定义液滴相变对波纹板分离器的分离效率产生 0.01% 的影响时的进出口压差为临界压差。根据表 3.1 和表 3.2,在波纹板分离器中,对分离效率产生影响的临界压差约为 953 Pa。因此当进出口压差小于临界压差时,可以忽略液滴相变对分离效率的影响;当进出口压差远远大于临界压差时,需要考虑液滴相变对分离效率的影响。但是,从表 3.1 和表 3.2 可以看到,在波纹板分离器中,一般情况下液滴相变对分离效率的影响在 0.1% 以下,因此可以忽略液滴相变对分离效率的影响。

　　为了更加直观地了解对分离效率产生影响的临界压差,临界压差随运行压力的变化曲线如图 3.4 所示,临界压差通过增加波纹板入口速度获得,另外,作为对比,给出了 2 波波纹板在入口流速为 3 m/s 时的实际运行过程中的压降。该图表明,常压下,实际压降一般远远小于 953 Pa,但是对分离效率产生影响的临界压差应当大于 953 Pa,因此说明在正常运行工况条件下,压差和液滴相变对波纹板分离器的分离效率几乎没有影响。为了便于今后对比,图中通过数据拟合给出了临界压差和实际压降的拟合曲线,拟合曲线相关性系数分别为 0.998 和 0.965。

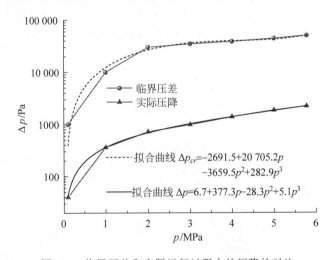

图 3.4　临界压差和实际运行过程中的压降的对比

　　研究结果表明,在现有核电站的正常运行工况下,汽水分离器实际运行过程中的压降要远远小于对分离效率产生影响的临界压差,并且从表 3.1 和表 3.2 得知,相变对分离效率的影响小于 0.1%。另外,在 2.2.3 节进行模型验证时,数值计算结果和实验值之间的相对误差在 ±2% 以内,因此,在现有的运行条件下,在波纹板分离器的设计中可以忽略液滴相变对分离效率的影响。

　　考虑液滴相变时和不考虑液滴相变时,液滴的终端位置如图 3.5,以分析不同流速下液滴相变对液滴运动特性的影响。图 3.6 展示了常压下蒸汽入口速度为 5 m/s 时,考虑相变与不考虑相变时的液滴运动轨迹对比。

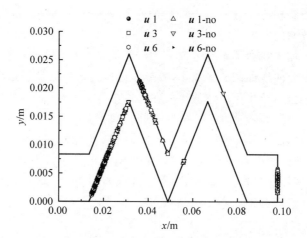

图 3.5　考虑液滴相变与否时的液滴终端位置对比（常压）

u1-no 表示蒸汽入口速度为 1 m/s,且不考虑液滴相变

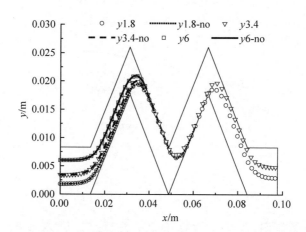

图 3.6　相变对液滴运动轨迹的影响（常压,液滴半径 2 μm,u=15 m/s）

y1.8-no 表示液滴入射位置为 y=1.8 mm,且不考虑液滴相变

　　图 3.6 中考虑液滴相变和不考虑相变时液滴的终端位置会有所不同,
这是由于考虑液滴相变后,液滴在波纹板中运动时半径会不断减小,将影响
液滴的运动轨迹。但是,由于压差较小、液滴蒸发量较小,致使总体差别不
大。图 3.6 中由于蒸汽流速较大,压降也较大,考虑相变与不考虑相变时的
液滴运动轨迹不同,当液滴入射位置 y 分别为 1.8 mm 和 3.4 mm,考虑液滴
相变时,液滴会逃逸出波纹板分离器,而不考虑液滴相变时,液滴会撞击到壁

面上而被分离出波纹板。这是由于当液滴在波纹板中运动时,蒸发会导致液滴半径逐渐减小,因此液滴更容易被蒸汽携带而逃逸出分离器。然而,在通常的运行工况下,波纹板的入口蒸汽速度一般在 $1 \sim 7$ m/s,远远小于 15 m/s,相变的影响会更小,尤其在运行压力较高时,相变影响可以忽略。

3.1.3　相变对液滴半径和速度的影响

常压下液滴半径随蒸汽流速的变化和蒸汽入口流速为 3 m/s 时液滴半径随运行压力的变化分布图分别如图 3.7(a) 和图 3.7(b) 所示,可以较为清晰地分析相变对液滴半径的影响。图 3.7(a) 表明随着初始液滴半径增加,液滴半径变化百分比开始逐渐减低,达到最小值之后逐渐增加,这是由于半

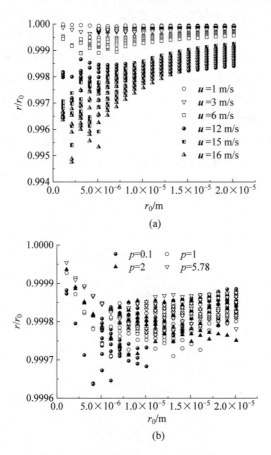

(a)

(b)

图 3.7　液滴半径随蒸汽流速(a)和运行压力(b)的变化

径较小的液滴温度变化较快,达到汽液相平衡的时间较短,蒸发时间较短;大液滴尽管蒸发时间长,蒸发的质量比较大,但是由于较大的初始半径,使液滴半径变化百分比较小。随着蒸汽流速的增加,液滴半径变化百分比增大,这是因为较大的蒸汽速度会使波纹板分离器中的压降增加,而较大的压差会驱动液滴更快速的蒸发,使液滴半径更小。

对比表 3.1 和图 3.7(a)发现,常压下只有当进出口压降大于 953 Pa 时,液滴相变才会影响分离器的分离效率,此时对应的液滴半径变化百分比大于 0.3%。另外,从图 3.7(a)可知,随着运行压力增加,液滴半径变化百分比降低。这是因为随着运行压力增加蒸汽和水之间的物性参数的差异变小,同时扩散系数和蒸发-冷凝系数也减小,会导致液滴蒸发减弱。然而,实际液滴半径变化百分比非常小,一般处于 $10^{-4} \sim 10^{-3}$,小于临界值 0.3%,因此相变对液滴运动特性的影响可以忽略。

常压下,蒸汽入口流速为 3 m/s 时,液滴在波纹板内运动的相变过程中,不同入射位置的液滴,半径和 x 方向速度 $\mathbf{V}_x$ 随时间变化的曲线如图 3.8 所示,可以看到,不同入射位置的液滴半径的瞬时变化规律大不相同,这是由于入射位置靠近壁面的液滴更容易撞击到壁面。另外,不同时刻液滴半径变化速率也大不相同,这是因为靠近波纹板的拐弯位置处,由于当地局部结构的变化导致液滴流速非常快,如图 3.8(b)所示,会引起较大的压降,使液滴快速蒸发,即较大的速度会引起较大的液滴半径变化。

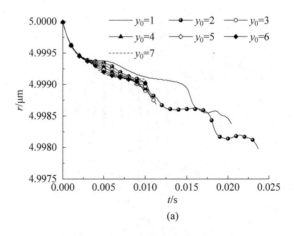

(a)

图 3.8　液滴半径(a)和 x 方向速度(b)随时间变化(常压)

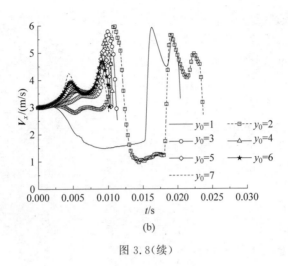

(b)

图 3.8(续)

3.2　AP1000 汽水分离器分离性能研究

3.2.1　AP1000 分离器结构及工作原理

　　AP1000 先进压水堆核电站中的蒸汽发生器结构为立式,汽水分离器安放在蒸汽发生器的顶部[62]。汽水分离器用以除去蒸汽流中携带的大量液滴,为汽轮机提供高品质的干饱和蒸汽,以确保汽轮机高效、稳定的运行,并减轻汽轮机的腐蚀程度,延长汽轮机的使用寿命。蒸汽发生器的几何结构如图 3.9 所示。

　　如上所述,整个 AP1000 汽水分离装置由下部和上部重力分离空间、主分离器、次级分离器和辅助设备组成。其中,图 3.9 所示的部件 8 中传热管上部的自由液面和主分离器顶部之间的蒸汽统称为下部重力分离空间,分离机理主要是重力分离,会导致部分半径较大的液滴在重力作用下重新落回到自由液面而被分离除去。下部重力分离空间的具体结构见图 3.10。另外,部件 4 为上部重力分离空间,其具体结构为圆柱形。主分离器和次级分离器的结构分别见图 3.11 和图 3.12,主分离器为旋叶分离器,采用 4 片固定的旋叶进行汽水分离,次级分离器为带钩波纹板分离器,在一个 AP1000 蒸汽发生器中总共有 33 个主分离器。

　　在蒸汽发生器的运行过程中,传热管会加热二次侧的给水,产生大量的气泡,气泡逐渐向上运动到自由液面,传热管上部的自由液面会由于气泡破裂产生大量的液滴[1],而这些液滴会被蒸汽携带进入到汽水分离器中。首先,液滴和蒸汽通过下部重力分离空间,到达旋叶分离器中。在下部重力分离空间中,一部分液滴会由于重力的作用重新落回到自由液面而被从蒸汽中分离。重力分离空间的内径为5.3 m,高度为0.461 m,旋叶分离器旋叶的筒体内径为0.496 m,旋叶分离器旋叶下面的筒体高度为2.127 m。然后,液滴流经旋叶分离器的4片旋叶,大部分液滴被分离除去,小部分逃逸出旋叶分离器并被蒸汽携带进入到上部重力分离空间,旋叶分离器的具体结构如图3.11所示,整个旋叶分离器由筒体、旋叶、溢流环、撇渣器、顶盖、支撑筋板和扩散盘等组件组成,旋叶分离器的整体高度为3.771 m,溢流环内径为0.682 m,旋叶的倾角为30°,在旋叶分离器中大部分液滴被分离除去,只剩下很小部分的半径较小的液滴逃逸出旋叶分离器进入上部重力分离空间,蒸汽的相对湿度大大降低,起到主要分离作用,故亦称主分离器。然而,由于旋叶分离器出口的液滴半径非常小,导致上部重力分离空间基本不会对液滴起到分离作用,而是主要起到均匀和整合蒸汽流的作

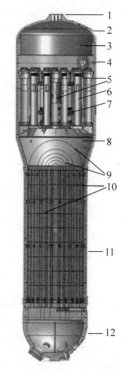

图 3.9　AP1000 蒸汽发生器的结构

1—文丘里喷嘴;2—上封头;3—波纹板分离器;4—上部重力分离空间;5—顶盖组件;6—旋叶分离器;7—给水环管;8—下部重力分离空间;9—U 形传热管;10—支撑隔板;11—下筒体;12—下封头

旋叶分离器筒体

管板

蒸汽空间

图 3.10　下部重力分离空间的结构

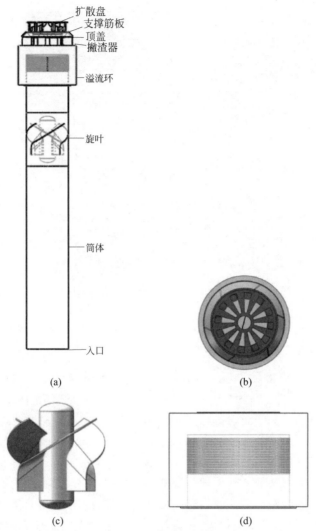

图 3.11　主分离器的结构

(a) 主视图；(b) 俯视图；(c) 旋叶；(d) 溢流环

用。最后，液滴被蒸汽携带流经波纹板分离器前的孔板，到达波纹板分离器，孔板和波纹板分离器的具体结构分别如图 3.12 和图 3.13 所示，在波纹板分离器中一部分液滴被分离除去。图 3.12(b) 中的黑色竖直窄条为波纹板分离器入口的壁面，蒸汽携带液滴通过窄条之间的窄缝进入到波纹板分离器中。其中，波纹板分离器中的单个波纹板的高度为 0.982 m，长度为 0.1825 m，宽度为 0.023 m，为了图形显示和方便观察，对图 3.13 中的高度方向进行了缩

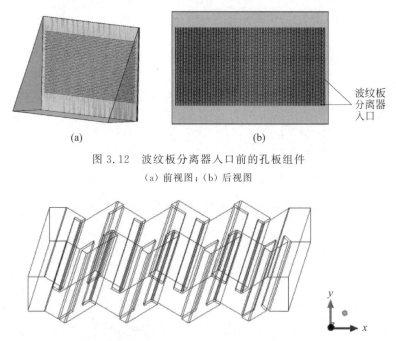

图 3.12　波纹板分离器入口前的孔板组件

（a）前视图；（b）后视图

图 3.13　波纹板分离器三维结构

比显示。对于孔板,高度为 1.413 m,底部入口的宽度为 0.556 m,小孔的内径为 0.012 m,小孔平行地均匀布置在孔板上,两列小孔之间的间距为 0.027 m,两排小孔之间的间距为 0.023 m,需要指出的是,波纹板分离器前的孔板会对波纹板入口处的流场分布产生较大的影响,因此,有必要考虑孔板组件的影响。

　　对于几何建模和计算过程,AP1000 分离器的三维结构通过 Solidworks 软件建立,采用 ICEM 软件划分网格,每一个几何模型均划分为 3 组不同大小的网格,进行网格无关性验证。另外,采用欧拉-拉格朗日方法进行蒸汽-液滴两相流动计算,流场的参数通过 FLUENT 16.0 软件采用欧拉方法计算得到,之后将使用 FLUENT 计算得到的流场参数导入到自主编写的求解多液滴运动相变模型的 C++程序中,采用拉格朗日方法进行多液滴运动相变过程的仿真,计算结果通过自主编写数据卡输出到 Tecplot 后处理软件中,来获得压力云图、速度云图、液滴轨迹、相对湿度分布等,以便进行数据分析。对于模型的验证,参考上海交通大学李亚洲[202]的硕士学位论文中的旋叶汽水分离器冷态实验系统和工况进行几何模型和流场数值计算,通过对比旋叶分离器分离效率的计算值与实验值进行模型验证,具体验证方法和数据,参见附录 C。

因此,整个研究过程按照分离器的工作时序,逐个进行各个分离器的性能研究。第一,进行下部重力分离空间的分离性能研究;第二,进行旋叶分离器的分离性能仿真,旋叶分离器的入口即为重力分离空间的出口;第三,分析上部重力分离空间的性能;第四,模拟孔板组件中的蒸汽流动情况,弄清孔板对波纹板分离器的入口速度分布的影响;最后,对波纹板分离器的分离性能进行研究。

3.2.2　初始条件和边界条件

AP1000 汽水分离器的蒸汽饱和压力为 5.78 MPa。当蒸汽发生器满负荷(100% full power,100%FP)运行时,蒸汽的总流量为 1 887.4 kg/s[203],设置两台对称布置的蒸汽发生器,则一台蒸汽发生器的蒸汽流量约为 943.7 kg/s,饱和蒸汽的密度为 29.6 kg/m³,为了得到 AP1000 汽水分离器在各个工况下的分离性能,模拟和计算分析了功率负荷 10%～120% 的工况。不同功率负荷工况下,下部重力分离的入口蒸汽速度具体数值如表 3.3 所示。需要指出,在计算中认为蒸汽速度正比于蒸汽发生器的功率负荷[204]。对于蒸汽的湿度,在 AP1000 汽水分离器的实际运行过程中,蒸汽入口的相对湿度 RH 为 30%～80%[203],工程上要求分离器出口的蒸汽相对湿度小于0.1%。为了扩展模拟结果的应用范围,在计算中将下部重力分离空间入口处蒸汽的相对湿度范围扩展到 5%～90%。

表 3.3　不同功率负荷对应的下部重力分离空间入口蒸汽速度

工况编号	1	2	3	4	5	6	7	8	9
功率负荷/%	10	15	20	30	50	60	80	100	120
u/(m/s)	0.145	0.218	0.29	0.435	0.725	0.87	1.16	1.45	1.74

分离器入口处的液滴参数,依据马超[1]通过自由液面上气泡破裂产生膜液滴的实验和理论计算结果给定,AP1000 汽水分离器入口的液滴具体参数如图 3.14 所示,图中(a)～(d)分别表示液滴的初始半径、初速度、液滴离自由液面的高度以及与水平自由液面的夹角。由于自由液面的位置正好是下部重力分离空间的入口,因此,这些液滴的分布规律可以作为 AP1000 汽水分离器的入口条件,进行分离性能分析。另外,研究中分析了入口液滴半径概率密度分布对旋叶分离器分离效率的影响,具体结果参见附录 B。

AP1000 汽水分离器入口,即下部重力分离空间入口位置处,按照液滴入射位置将液滴均匀分成 1224 组,按照液滴半径分成 238 组,液滴半径范围为 1～238 μm,来确保较高的计算精度,同时提高计算时间。

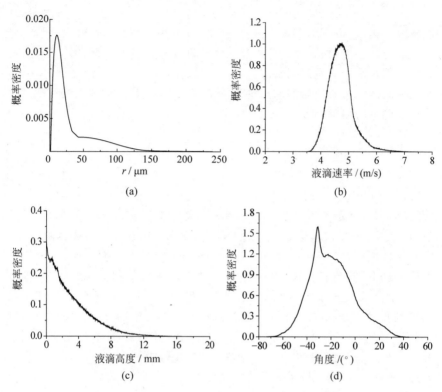

图 3.14   分离器入口液滴参数概率密度分布[1]
(a) 半径；(b) 初速度；(c) 液滴高度；(d) 与自由液面的夹角

3.2.3   下部重力分离空间

对于下部重力分离空间，通过绘制三组不同大小的网格进行无关性验证，确定最后的网格数量为 455 557。计算得到的表 3.3 中工况 8——满功率负荷蒸汽速度为 1.45 m/s 时的压力云图和速度云图如图 3.15 所示，其中由于下部重力分离空间为对称结构，因此在对称面处采用了对称边界条件，以便提高计算速度，所以在图中只显示了一半结构。图 3.15(b) 显示了下部重力分离空间的入口速度较小，但是当蒸汽流过管板时，由于流通面积突缩引起速度快速增加，导致压力快速下降。然而，总体上由于蒸汽流速较低，整体压降较小，大约为 79.3 Pa，并且大多数压力损失发生在管板附近的突缩位置处。

计算得到的下部重力分离空间的分离效率随入口蒸汽流速的变化曲线

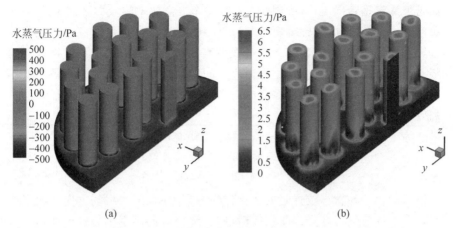

图 3.15　下部重力分离空间的压力云图和速度云图(工况 8,见文后彩图)

(a) 压力云图；(b) 速度云图

如图 3.16 所示,随着蒸汽流速的增加,分离效率开始快速减低到最小值 0.15,之后逐渐增加。这是由于当蒸汽流速较小时,蒸汽对液滴的流动曳力也较小,导致半径较大的液滴会落回到自由液面而被分离除去,分离效率较高。比如,当蒸汽流速为 0.218 m/s 时,临界分离半径为 95 μm,意味着半径大于 95 μm 的液滴会被分离器分离。这里,临界分离半径定义为能被汽水分离器完全分离的液滴的最小半径。随着蒸汽速度增加,流动曳力快速增加,半径更大的液滴也会被携带出重力分离空间,临界分离半径也相应的增加,导致分离效率降低。图 3.16 中显示,当蒸汽流速增加到 0.6 m/s 以上时,由于流动曳力足够大,几乎所有的入射液滴均不能落回到自由液面,

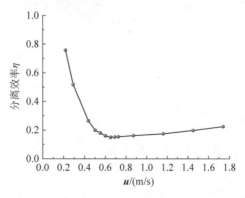

图 3.16　分离效率随蒸汽流速的变化

而是被蒸汽携带向上运动,因此会出现一个分离效率的最小值。之后,随着蒸汽流速继续增加,惯性分离机制对分离性能起主导作用,由于液滴的惯性远大于蒸汽,液滴更容易在运动过程中流经突缩位置时撞击到壁面或者管板上而被分离。另外,由于重力分离空间中惯性分离机制对分离效率的影响小于重力分离机制,因此在蒸汽流速大于 0.6 m/s 时,随着流速增加,分离效率增加较为缓慢。

　　为了更加清楚地理解液滴运动特性,图 3.17 给出了工况 8 条件下下部重力分离空间中的液滴运动轨迹。图中显示,液滴的运动轨迹分布类似于图 3.15 中的压力云图和速度云图的分布规律:由于流通管道截面的突缩,液滴运动轨迹在管板位置附近变化较为剧烈,导致液滴运动方向从原来的竖直向上的直线运动变为曲线运动,使一部分液滴由于不容易改变运动方向而撞击到管板壁面上。另外,液滴相比于蒸汽,更倾向于向旋叶分离器的筒体中轴线中心聚集,与图 3.15(b)中的速度分布趋势一致。

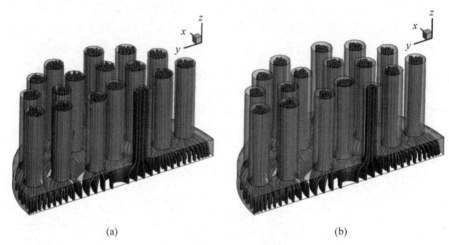

(a)　　　　　　　　　　　　　　　　　　(b)

图 3.17　液滴运动轨迹(工况 8)

(a) $r = 10 \, \mu\mathrm{m}$; (b) $r = 100 \, \mu\mathrm{m}$

　　从 AP1000 蒸汽发生器的结构(见图 3.9)可以看到,旋叶分离器的入口流场参数正好是下部重力分离空间的出口参数,因此,有必要通过计算得到下部重力分离空间出口位置处的液滴分布的详细信息,包括液滴半径、速度、倾角等的概率密度分布,分别如图 3.18、图 3.19 和图 3.20 所示。图 3.18 显示当蒸汽流速较小时,半径较大的液滴被分离空间分离除去,比如,工况 2 和工况 4 条件下的临界分离半径分别为 95 $\mu\mathrm{m}$ 和 214 $\mu\mathrm{m}$,在下部重力分

离空间的出口位置处只存在半径小于临界分离半径的液滴,使得出口处的
液滴半径概率密度分布远小于入口处的分布,如图 3.18(a)和图 3.18(b)所
示。当蒸汽流速大于 0.6 m/s 时,蒸汽施加给液滴的流动曳力较大,足以克
服重力,重力分离机理几乎不会影响汽水分离性能,因此,出口处的液滴半
径分布范围与入口处相同,仍然为 1~238 μm,如图 3.18(c)和图 3.18(d)
所示。然而,液滴半径的概率密度函数比入口处的要小,这是由于液滴在流
经重力分离空间的突缩位置时,会有一部分撞击到管板壁面上而被分离除
去,出口处液滴数量减少,起到一定的汽水分离作用。

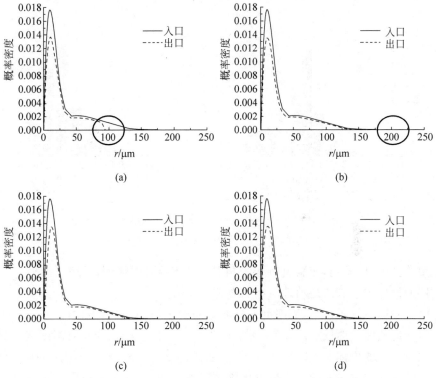

图 3.18　不同工况下进出口液滴半径的概率密度分布
(a) 工况 2；(b) 工况 4；(c) 工况 5；(d) 工况 8

　　不同工况下,下部重力分离空间出口处的液滴速度概率密度分布如
图 3.19 所示,可以看到,整体分布呈现中间高两边低的形态,最可几速度近
似与平均速度相同,与图 3.14 中的速度分布趋势一致。

　　从不同工况下下部重力分离空间的出口液滴倾角的概率密度分布

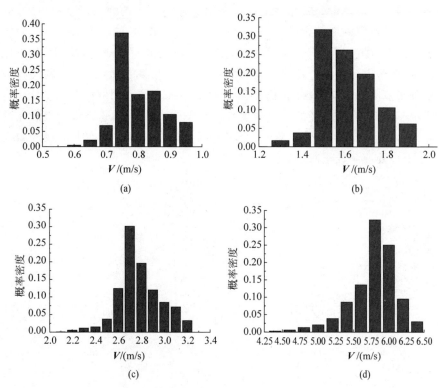

图 3.19　不同工况下出口液滴速度的概率密度分布

(a) 工况 2；(b) 工况 4；(c) 工况 5；(d) 工况 8

图 3.20 可以看到，液滴出口的倾角基本上位于 90°附近，反映了旋叶分离器的筒体中液滴的运动方向近似为竖直向上。

不同工况条件下，下部重力分离空间的出口蒸汽的相对湿度随入口相对湿度的变化曲线如图 3.21 所示，图中显示，出口蒸汽的相对湿度随入口相对湿度的增加而不断增加，然而增加的速度越来越慢，这与图 3.16 中分离效率随蒸汽流速的变化规律相符。但是总体上，除了工况 1 和工况 2 以外，蒸汽流经下部重力分离空间前后的蒸汽相对湿度变化不大。

在工况 8 条件下，入口蒸汽相对湿度为 5％时，计算得到的出口处的蒸汽相对湿度分布云图如图 3.22(a)~(d)所示，其中，图 3.22(a)显示的是图 3.14(a)中的实际入射液滴分布条件下的相对湿度云图，而图 3.22(b)~(d)分别显示的是当入射液滴半径分别全部为 50 μm、120 μm、180 μm 时的相对湿度云图。图 3.22(a)表明，相比于旋叶分离器筒体壁面附近而言，在筒体中心轴线附近会聚集更多的液滴,相对湿度的最大值出现在中轴线附近,与上述液滴的运动轨迹(见图 3.17)和压力云图(见图 3.15(a))、速度云图(见图 3.15(b))的分布结果一致。图 3.22(b)～(d)表明,半径较大的液滴相比于小液滴,更倾向于向筒体的中心轴线附近聚集,这是由于小液滴惯性较小,更容易沿径向方向进行扩展和扩散。

在以往的研究中[10,169,205],重力分离空间的分离性能是基于简化的二维模型(2D)进行分析的,这一简化的二维模型是一个足够大的空间,如图 3.23 所示,不考虑具体的结构细节,认为液滴被蒸汽携带着在这个空间内运动,半径较大的液滴由于重力较流动曳力大,会落回到自由液面而被分离除去,半径较小的液滴由于流动曳力大于重力,会被蒸汽携带逃逸出重力

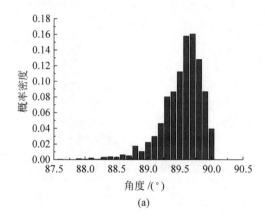

(a)

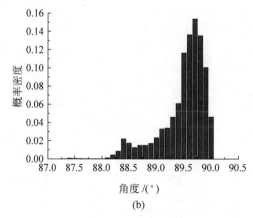

(b)

图 3.20　不同工况下出口液滴倾角的概率密度分布

(a) 工况 2；(b) 工况 4；(c) 工况 5；(d) 工况 8

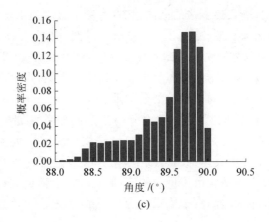

(c)

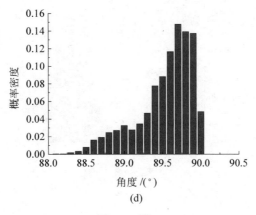

(d)

图 3.20(续)

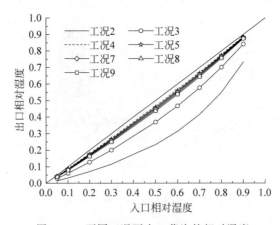

图 3.21 不同工况下出口蒸汽的相对湿度

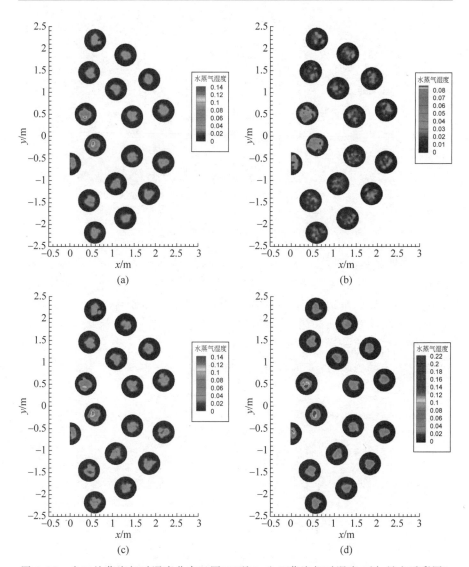

图 3.22　出口处蒸汽相对湿度分布云图(工况 8,入口蒸汽相对湿度 5%,见文后彩图)
　　(a) 实际入射液滴;(b) 入射液滴半径全部为 50 μm;(c) 入射液滴半径全部为 120 μm;
　　(d) 入射液滴半径全部为 180 μm

空间。在一定程度上,简化的二维模型会导致一定的计算误差。因此,有必
要将本书建立的三维模型(3D)与二维模型的分离效率进行对比。

　　计算得到的三维模型(3D)与二维模型的分离效率随蒸汽流速的对比
曲线如图 3.24 所示,图中显示二维模型的分离效率比三维模型的分离效率

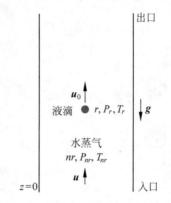

图 3.23　重力分离空间二维模型

要小,并且在蒸汽流速大于 0.725 m/s 时,二维模型的分离效率为 0,而三维模型依然能够分离一定数量的液滴,起到分离作用。这是由于二维模型没有考虑具体的结构,如下部重力分离空间管板位置处的突缩结构,忽略了惯性分离对液滴分离的影响,没有考虑半径较大的液滴在流动方向发生变化时撞击到壁面被分离除去的可能性。因此,有必要考虑具体的三维结构对分离效率的影响,以便进行更为精确的 AP1000 下部重力分离空间分离性能的仿真。

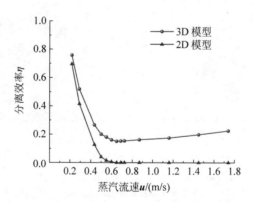

图 3.24　二维模型和三维模型分离效率的对比

3.2.4　初级分离器

根据上述研究,旋叶分离器的入口参数即为下部重力分离空间的出口参数,则可得不同功率负荷条件下的旋叶分离器入口蒸汽流速如表 3.4 所示,与下部重力分离空间的出口参数一一对应。需要指出,在实际计算过程中,初级旋叶分离器的入口速度分布、液滴概率密度与下部重力分离空间的出口参数相同,其中蒸汽的速度分布通过 FLUENT 软件中的用户定义程序(UDF),采用网格定位搜索算法添加到旋叶分离器的入口作为入口边界条件。

表 3.4　不同功率负荷对应的旋叶分离器入口蒸汽流速

工况编号	1	2	3	4	5	6	7	8	9
功率负荷/%	10	15	20	30	50	60	80	100	120
蒸汽流速 u/(m/s)	0.511	0.766	1.02	1.53	2.55	3.064	4.085	5.11	6.13

另外,为了研究旋叶分离器在更高流速下的分离性能和液滴运动相变特性,通过参数扩展,同时计算了主分离器入口速度分别为 10 m/s、15 m/s、20 m/s 时的分离性能,编号分别为 10、11、12。

计算得到的工况 8——满功率负荷条件下蒸汽流速为 5.11 m/s 时,旋叶分离器 y-z 平面的压力云图和速度云图如图 3.25 所示。图 3.25(b)显示当蒸汽流经旋叶时,蒸汽流速快速增加,在旋叶附近速度达到最大值 20.2 m/s,而旋叶上方的流速变化不大。这是由于流经旋叶时,流通通道变窄,蒸汽运动方向从竖直向上的线性运动变为曲线运动,蒸汽流在离心力的作用下被甩向旋叶分离器筒体壁面,会导致旋叶上方的中心区域形成一定的滞止区域,并形成低压或者负压区,图 3.25(a)表明,当蒸汽流经旋叶时,压力快速降低,与蒸汽流速的变化趋势正好相反。这是由于旋叶附近流通截面积减小,流速快速增加,并且流经旋叶的蒸汽会发生旋转,产生大量的漩涡,消耗大量的能量。进出口总压降约为 6 729.6 Pa,大多数压力损失发生在旋叶附近。另外,通过压力和速度监测发现旋叶分离器出口的蒸汽流速和压力分布较为均匀,表明旋叶分离器顶部的扩散盘起到了较好的整流作用,减少了对上部其他结构的冲击,在一定程度上起到了减振降噪的作用。

旋叶分离器的分离效率随蒸汽流速的变化曲线如图 3.26 所示,图中显示,整体分离效率为(0.975,1],随着蒸汽流速增加,分离效率在开始快速增加之后逐渐趋于平稳。这是由于旋叶分离器的分离性能主要由惯性分离机制主导,液滴相比于蒸汽惯性更大,流经旋叶时,在离心力的作用下,大液滴相比于小液滴更容易撞击到旋叶分离器筒体壁面上而被分离除去。当蒸汽

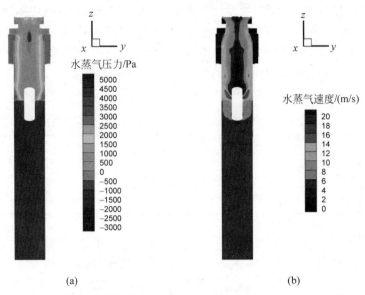

(a) (b)

图 3.25　旋叶分离器的压力云图和速度云图（工况 8，见文后彩图）

(a) 压力云图；(b) 速度云图

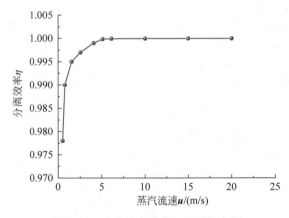

图 3.26　分离效率随蒸汽流速的变化

流速较小时，只有半径足够大的液滴才能被分离，半径较小的液滴会逃逸出分离器。当蒸汽流速增加时，一部分半径较小的原来不能被分离的液滴也可以被分离除去，使分离效率提高。但是，当蒸汽流速增加到 6 m/s 时，大部分半径较大的液滴几乎被完全分离，半径小于 14 μm 的液滴（见图 3.27）不能被分离，会导致分离效率增加缓慢，直到趋于稳定。

　　为了弄清旋叶分离器对不同半径液滴的分离性能,图3.27给出了分离效率随液滴半径的变化曲线,曲线显示在其他条件相同时,分离效率随液滴半径增大快速增加,之后缓慢增加到最大值1,即液滴全部被分离。这是由于惯性分离主导旋叶分离器的分离性能,小液滴随流性更强,更容易改变运动方向而逃逸出分离器。当液滴半径增大到一定流速下的临近分离半径时,所有的入射液滴均会被旋叶分离器分离除去。另外,图3.27表明随着蒸汽流速增加,临界分离半径减小,但是当蒸汽流速小于6 m/s时,大液滴几乎完全被分离除去,临界分离半径几乎保持不变,约为14 μm,这一结果与图3.26中分离效率随蒸汽流速的变化趋势一致。

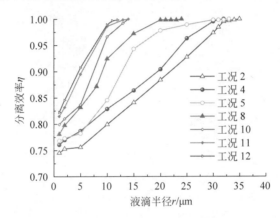

图3.27　分离效率随液滴半径的变化

　　在工况8——满功率负荷条件下蒸汽流速为5.11 m/s时,半径分别为5 μm、20 μm的液滴的运动轨迹如图3.28所示,图3.28(b)显示半径为20 μm的液滴惯性较大,运动方向更不容易改变,流经旋叶时大多数被分离器分离除去,而半径为5 μm的液滴惯性较小,如图3.28(a)所示,随流性较强,更容易逃逸出分离器。图3.28(b)中可以明显看到,在旋叶中心正上方几乎没有液滴,这是由于液滴在离心力的作用下被甩向外围,这一结果与图3.25中的压力云图和速度云图结果一致。另外,一部分液滴会在分离器的上部被分离,说明了顶盖和扩散盘组件设计合理。

　　不同功率负荷条件下,旋叶分离器出口处的液滴半径概率密度分布如图3.29所示,由前述研究可知,这一分布即为次级波纹板分离器的入口参数。图3.29中显示半径大于35 μm的液滴全部被分离,随着蒸汽流速的增加,出口处的最大液滴半径减小,反映出旋叶分离器起到了较好的分离性

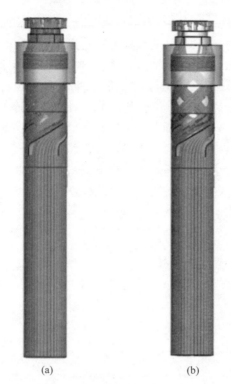

(a)　　　　　　　　　　(b)

图 3.28　液滴运动轨迹(工况 8)

(a) $r=5\ \mu m$；(b) $r=20\ \mu m$

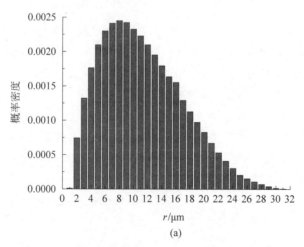

(a)

图 3.29　不同工况下出口液滴半径的概率密度分布

(a) 工况 4；(b) 工况 5；(c) 工况 7；(d) 工况 8；(e) 工况 9；(f) 工况 10；(g) 工况 11；(h) 工况 12

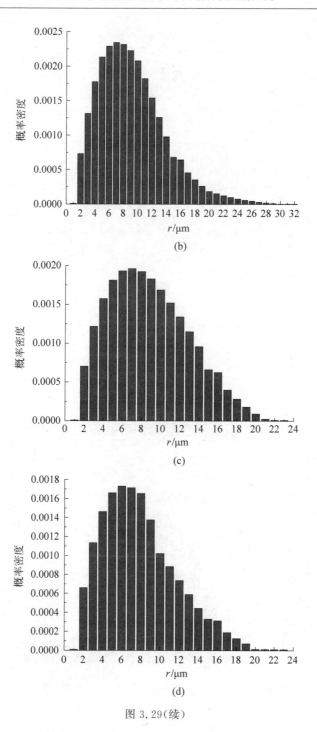

图 3.29(续)

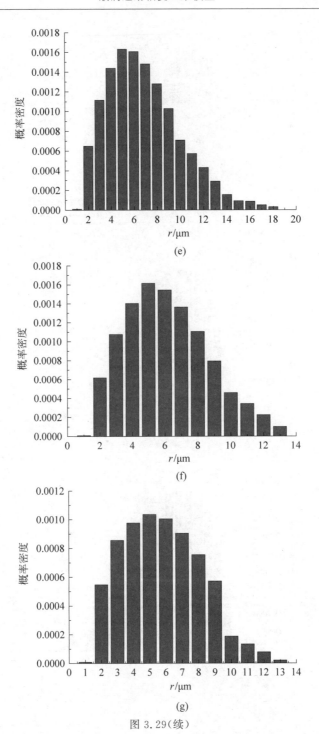

图 3.29(续)

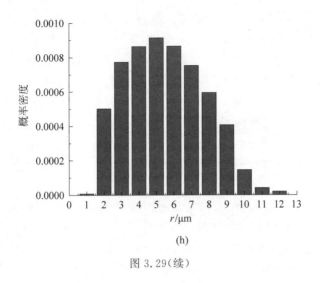

(h)

图 3.29(续)

能。另外,总体来说,液滴半径概率密度分布呈现中间高两端低的形态,近似符合高斯分布。

在不同工况条件下,AP1000 旋叶分离器的出口蒸汽的相对湿度随入口相对湿度的变化曲线如图 3.30 所示,图中显示,出口蒸汽的相对湿度随入口相对湿度的增加而不断增加,随入口蒸汽流速增加而不断减小,然而减小的速率越来越慢,出口蒸汽的相对湿度总体位于 $10^{-7} \sim 10^{-2}$。对于工况 $7 \sim 12$,出口蒸汽相对湿度为 $10^{-7} \sim 10^{-3}$,已经满足规定的相对湿度限值 0.1%,然而,对于工况 $1 \sim 6$,在蒸汽入口相对湿度较大时,出口相对湿度仍

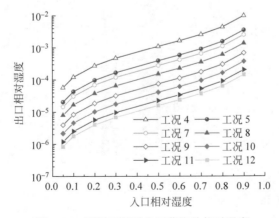

图 3.30　不同工况下出口蒸汽的相对湿度

然大于 0.1%,总体上旋叶分离器具有较为高效的分离性能,可以去除大部分入射液滴,故也称为主分离器。另外,旋叶分离器之后还会有二级波纹板分离器,以保证整个 AP1000 分离器出口蒸汽相对湿度满足要求。需要指出,本书的物理和数学模型认为液滴撞击到壁面上之前被捕获,没有考虑液滴撞击到壁面或者液膜上之后产生的二次液滴对分离效率的影响,这可能会使计算结果与实际结果存在一定的误差,对于旋叶分离器产生二次液滴的临界蒸汽流速约为 9 m/s[206,207],但是在现有的实际运行工况(工况 1~9)条件下,由于蒸汽流速不是非常大,这一影响不会造成太大的误差。

工况 8 条件下,入口蒸汽相对湿度为 10%时,计算得到的旋叶分离器 y-z 截面的蒸汽相对湿度分布云图如图 3.31 所示,图中旋叶下方的相对湿度分布较为均匀,这与图 3.25(b)中的速度云图的均匀分布形态一致,然而,蒸汽携带液滴流经旋叶后湿度分布云图发生了较大变化,旋叶附近的相对湿度快速增加,旋叶四周的旋叶分离器筒体周围的湿度也较大,但是旋叶正上方的中心轴线附近的湿度很小,几乎为 0,意味着大多数液滴撞击到旋叶四周的筒体壁面上而被分离除去。这是由于蒸汽流经旋叶时,流通通道变窄,蒸汽运动方向从竖直向上的线性运动变为曲线运动,蒸汽流在离心力的作用下被甩向旋叶分离器筒体壁面,会导致旋叶上方的中心区域形成一定的低压或者负压区。因此,有必要在旋叶上方的筒体上开设大量的小孔,

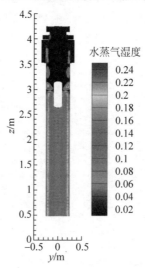

图 3.31　y-z 截面蒸汽相对湿度云图(工况 8,入口蒸汽相对湿度 10%,见文后彩图)

即设置开孔的溢流环来及时将液滴撞击壁面后产生的疏水排出。需要指出，由于本书所涉及的研究没有考虑液滴撞击壁面形成液膜的过程，因此只作定性分析。

3.2.5　上部重力分离空间

液滴从旋叶分离器流出后，进入重力分离空间。重力分离空间具有一定高度，利用不同直径液滴所受重力不同的原理，对液滴实现重力分离。重力分离空间可近似为竖直圆筒，高度为 1108.2 mm，直径为 5092.0 mm。内部蒸汽流场可视作均匀流场，蒸汽流竖直向上，速度为 2.10 m/s。

从上述对下部重力分离空间和旋叶分离器的分离性能进行研究所得到的结果可知，大多数液滴被旋叶分离器分离除去，旋叶分离器的出口液滴半径最大值约为 35 μm，通过计算得知，不同工况条件下上部重力分离空间的蒸汽流速为 0.1～2.5 m/s，而上部重力分离空间的最小临界分离半径大于65 μm，另外，在上部重力分离空间中没有较为复杂的几何结构，因此上部重力分离空间的分离效率为零，即上部重力分离空间不会对旋叶分离器的出口液滴产生影响。所以，上部重力分离空间的出口液滴参数与旋叶分离器的出口参数一致。然而，上部重力分离空间在一定程度上可以整合蒸汽流，使流动较为均匀，在一定程度上起到减振降噪的作用。

3.2.6　孔板及次级分离器

从 AP1000 蒸汽发生器的结构（见图 3.9）和波纹板分离器入口前的孔板组件（见图 3.12）中，可以看到液滴经过上部重力分离空间之后，会首先进入波纹板分离器前的孔板组件，之后再进入波纹板分离器中，孔板的出口正好为波纹板分离器的入口，因此波纹板分离器前的孔板组件会对波纹板入口的参数分布产生影响，因此需要考虑孔板组件的结构。但是，在孔板组件上开设有大量的小孔，考虑所有的小孔建立模型进行计算的话，计算量巨大，模拟很难进行，因此，在研究中考虑到孔板组件结构的对称特性，采用了简化的对称几何模型，如图 3.32 所示，几何模型的两边为对称边界。

由于上部重力分离空间不会分离液滴，孔板组件的入口液滴参数即为旋叶分离器的出口参数，则可得不同功率负荷条件下的孔板组件的入口蒸汽流速如表 3.5 所示，与旋叶分离器的出口参数一一对应。之后便可以采用 FLUENT 软件进行不同工况条件下的组件内流动模拟。

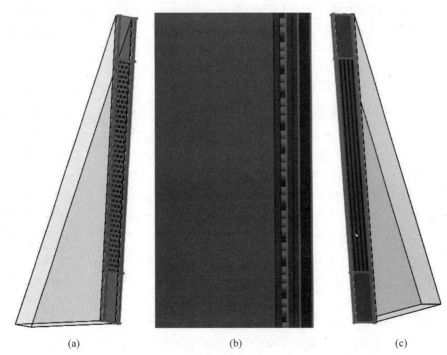

(a)   (b)   (c)

图 3.32 孔板组件简化结构

(a) 孔板侧视图；(b) 连接处侧视图；(c) 出口侧视图

表 3.5 不同功率负荷对应的孔板组件的入口蒸汽流速

工况编号	1	2	3	4	5	6	7	8	9
功率负荷/%	10	15	20	30	50	60	80	100	120
蒸汽流速 u/(m/s)	0.203	0.3045	0.406	0.609	1.015	1.218	1.624	2.03	2.436

　　计算得到的工况 8——满功率负荷条件下蒸汽流速为 2.03 m/s 时，孔板组件的出口速度云图如图 3.33 所示，为了更加清楚地显示，图 3.33 中只给出了上半部分的局部结构内的速度云图，虽然孔板组件很短，但是总压降却可以达到 1959.6 Pa，尽管入口平均蒸汽流速仅仅为 2.03 m/s，但是速度最大值却可以达到 8 m/s，且由于大量小孔的存在使得孔板组件的出口速度分布非常不均匀，产生大量的漩涡，造成较大的压降，并且孔板组件出口速度的不均匀分布会影响波纹板分离器的入口速度分布，进而影响波纹板分离器的分离效率。为此，研究中需要考虑波纹板分离器入口前的速度分

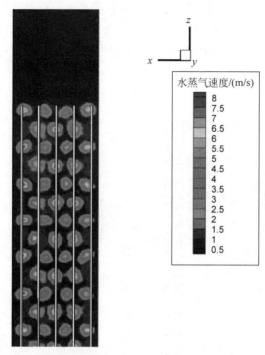

图 3.33　孔板组件的出口速度云图(工况 8,见文后彩图)

布的不均匀的影响。这一非均匀速度分布通过 FLUENT 软件中的用户定义程序(UDF),采用网格定位搜索算法添加到波纹板分离器的入口作为入口边界条件。

根据孔板组件的出口蒸汽流速,则可得不同功率负荷条件下的波纹板分离器的入口蒸汽流速如表 3.6 所示,与孔板组件的出口参数一一对应。

表 3.6　不同功率负荷对应的波纹板分离器的入口蒸汽流速

工况编号	1	2	3	4	5	6	7	8	9
功率负荷/%	10	15	20	30	50	60	80	100	120
蒸汽流速 u/(m/s)	0.184	0.276	0.369	0.551	0.922	1.106	1.463	1.863	2.245

另外,为了研究波纹板分离器在更高流速下的分离性能和液滴运动相变特性,通过参数扩展,同时进行了与表 3.4 中的工况 10、11、12 相对应的更高流速下的计算。作为对比,同时计算了波纹板入口流速分布均匀时的波纹板分离器的分离效率。

得到的工况 8——满功率负荷条件下的波纹板分离器的入口速度分布云图如图 3.34 所示,这一非均匀速度分布通过 FLUENT 软件中的用户定义程序(UDF),采用网格定位搜索算法添加到波纹板分离器的入口作为入口边界条件。

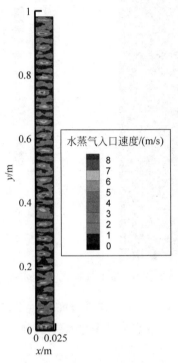

图 3.34　波纹板分离器的入口速度云图(工况 8,见文后彩图)

计算得到的工况 8——满功率负荷条件下蒸汽流速为 1.863 m/s 时,波纹板分离器 x-y 平面的压力云图和速度云图如图 3.35 所示,为了更加清楚地观察波纹板内的云图分布,将高度方向进行了 1∶30 缩比显示。图 3.35(b)显示当蒸汽流经波纹板的拐弯位置处,由于流动方向发生变化,流速快速增加,相应的压力快速降低,会产生一定的漩涡,相应的压力快速降低,如图 3.35(a)所示,总压降约为 594.8 Pa。

计算得到的工况 8——满功率负荷条件下蒸汽流速为 1.863 m/s 时,波纹板分离器的分离效率如图 3.36 所示,图中显示分离效率基本上为 0.3~0.65,随着蒸汽流速的增加分离效率快速增加,这是由于波纹板分离器的分离性能主要由惯性分离机制主导,液滴相比于蒸汽惯性更大,流经拐弯位置

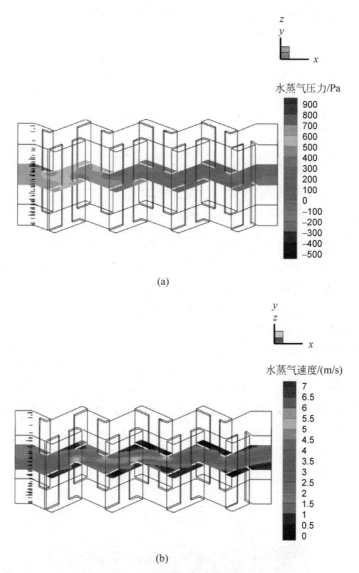

图 3.35　波纹板分离器的压力云图和速度云图(工况 8,见文后彩图)

(a) 压力云图;(b) 速度云图

时,大液滴相比于小液滴更容易撞击到分离器壁面上,被分离除去。当蒸汽流速较小时,只有半径足够大的液滴才能被分离,半径较小的液滴会逃逸出分离器。另外,图 3.3 中波纹板分离器入口蒸汽流速均匀分布计算得到的分离效率和非均匀分布(图 3.34 中实际速度入口分布)的效率曲线进行对

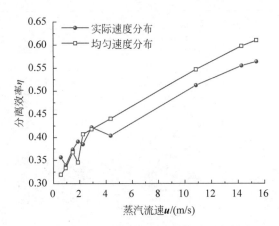

图 3.36　实际速度分布和均匀速度分布对分离效率的影响

比发现,两者之间的相对误差约为±9%。总体上,蒸汽流速小于 2 m/s 时,非均匀分布计算的效率要大于均匀分布的计算值,这主要与蒸汽和液滴的速度分布的疏密程度和液滴距离壁面的相对位置有关,距离壁面更近的液滴撞击到壁面上的概率更大。

计算得到的工况 8——满功率负荷条件下蒸汽流速为 1.863 m/s 时,波纹板分离器内半径为 20 μm 的液滴轨迹如图 3.37 所示,液滴被蒸汽携带运动过程中,由于蒸汽流速和液滴分布的不均匀性,不同位置处的液滴运动轨迹变化较大,导致液滴在拐弯位置处会由于惯性作用撞击到壁面而被分离除去。

计算得到的工况 8——满功率负荷条件下蒸汽流速为 1.863 m/s 时,

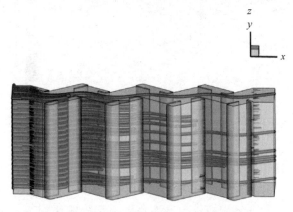

图 3.37　液滴运动轨迹(工况 8)

波纹板分离器的出口蒸汽相对湿度变化曲线如图 3.38 所示,图中显示,出口蒸汽的相对湿度随入口相对湿度的增加而不断增加,随入口蒸汽流速增加而不断减小,然而减小的速率越来越慢,出口蒸汽的相对湿度总体为 $10^{-7} \sim 10^{-3}$,分离器起到了较为高效的分离性能,可以去除大部分入射液滴,可以保证整个 AP1000 分离器出口蒸汽相对湿度满足要求。

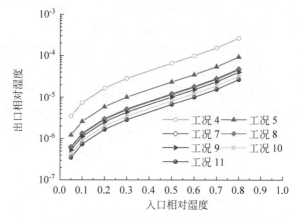

图 3.38　不同工况下出口蒸汽的相对湿度

为了弄清波纹板具体的几何结构对分离效率的影响,计算得到的三维模型(3D)与二维简化模型(2D)的分离效率随蒸汽流速的对比曲线如图 3.39 所示,图中显示,三维模型与二维简化模型两者之间的相对误差为 4% ~ 10%,差别较大。因此,在今后 AP1000 汽水分离器设计过程中,更加准确的计算需要采用实际的三维模型,以便得到更加精确的预测结果。

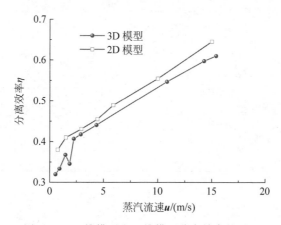

图 3.39　二维模型和三维模型分离效率的对比

3.2.7 液滴相变对分离效率的影响

3.1节已经分析了经典波纹板分离器中液滴相变对波纹板分离器分离效率的影响,指出在通常的运行工况下,波纹板的入口蒸汽流速一般为1～7 m/s,远远小于15 m/s,相变的影响会更小,尤其当运行压力较高时,相变影响可以忽略。在此,进行 AP1000 旋叶分离器中液滴相变对分离效率的影响分析,进一步确定液滴相变对分离效率的影响规律。

液滴在汽水分离器中运动时,尽管液滴和水蒸气几乎处于饱和状态,但是随着液滴和蒸汽运动,压力会由于流动阻力和局部阻力的作用不断降低,引起液滴不断蒸发,进而影响分离器的分离性能。计算得到了考虑相变时的旋叶分离器的分离效率和不考虑相变时的分离效率的对比结果如图 3.40 所示,图中显示,考虑相变时的旋叶分离器的分离效率和不考虑相变时的分离效率的结果相差很小,趋势一致,且只是当蒸汽流速高于 10 m/s 时才会有非常小的影响,考虑相变时的旋叶分离器的分离效率和不考虑相变时的分离效率的结果的相对误差为 $10^{-7}\sim10^{-4}$,即液滴相变对旋叶分离器的分离效率的影响基本可以忽略;蒸汽流速低于 10 m/s 时,液滴相变对旋叶分离器的分离效率不会产生影响。这主要是由于在旋叶分离器中压降不大,且其中液滴和蒸汽总体为饱和态,液滴蒸发量很小,基本不会影响分离效率。另外,波纹板分离器中的压降更小,液滴相变的影响相应的也更小,甚至可以忽略。

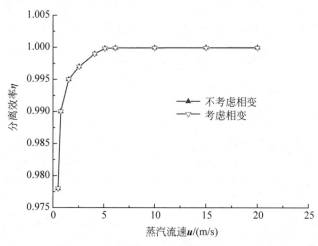

图 3.40 有无相变对旋叶分离器分离效率的影响

为了理解液滴相变对分离效率的影响机理,对比了不同蒸汽流速下,考虑相变时和不考虑相变时,旋叶分离器对不同半径的液滴的分离效率的影响,如图 3.41 所示。图 3.41 中显示,蒸汽流速相同时,对于半径小于 5 μm 的小液滴,考虑液滴相变后,旋叶分离器的分离效率有所降低,但是半径大于 5 μm 的较大液滴,考虑相变和不考虑相变的分离效率几乎不变,另外,虽然半径较小的液滴数量较多,但是体积小,质量小,总体上对旋叶分离器的分离效率的影响非常小,为 $10^{-7} \sim 10^{-4}$。与图 3.40 中有无相变对旋叶分离器分离效率的影响基本可以忽略的对比结果一致。另外,其他条件相同时,蒸发会使小液滴产生比较大的半径变化百分比,随流性更强,运动轨迹更容易改变,更容易被蒸汽携带逃逸出旋叶分离器,致使考虑相变时比不考虑相变时旋叶分离器的效率有所降低,但是由于大液滴半径较大,蒸发引

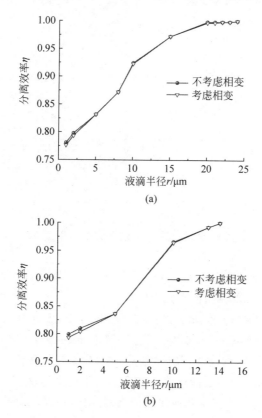

(a)

(b)

图 3.41　相变对不同大小液滴的分离效率的影响

(a) $u=5.11$ m/s;(b) $u=10$ m/s;(c) $u=15$ m/s;(d) $u=20$ m/s

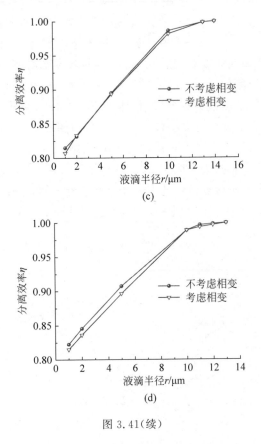

图 3.41(续)

起的大液滴半径变化百分比非常小,运动轨迹一般不会发生变化,基本不会影响分离效率。

综上,采用欧拉-拉格朗日方法研究 AP1000 旋叶分离器三维模型汽水分离性能,主要可以得出以下几点结论。

(1) 实际 AP1000 汽水分离器在运行过程中,蒸汽流速为 0～7 m/s,整个分离器的分离效率在99%以上,出口蒸汽的相对湿度小于0.1%,计算得到的全部分离器压降约为 10 kPa,由于没有考虑二次液滴、液膜以及其他结构的影响,实际运行过程的压降可能会略大于这个压降。

(2) 采用全尺寸三维几何建模仿真对 AP1000 汽水分离器的分离性能进行研究十分有必要,可以得到更加准确的结果。

(3) 下部重力分离空间会对液滴起到一定的分离作用,分离效率约为

18%,可以除去蒸汽中的部分液滴,而上部重力分离空间几乎不会对液滴起到分离作用。

(4) 旋叶分离器的分离效率最高,在 97.5% 以上,起到主要分离作用,扩散盘和顶盖的存在会起到一定的分离作用,但是同时会导致压力损失增加。

(5) 波纹板分离器前的孔板组件会影响波纹板分离器的速度分布,与均匀分布计算得到的波纹板分离器的分离效率之间的相对误差约为 ±9%。

(6) 在实际运行过程中,可以忽略液滴相变对 AP1000 汽水分离器分离效率的影响。

通过理论分析和计算仿真得到的结果,可以用于指导汽水分离装置的设计和优化。另外,本书中的研究方法可以进一步拓展到与颗粒流相关的应用中,比如应用到液滴喷淋灌溉、灭火、火箭推进以及高温气冷堆的稀疏气固两相流中。

3.3　本 章 小 结

本章首先应用多液滴运动相变单向耦合模型,研究了液滴相变特性对经典波纹板分离器和 AP1000 汽水分离器的分离性能的影响,得到了压差驱动作用下,液滴相变对分离器分离效率产生影响的临界压差随运行压力的变化曲线。结果表明,经典波纹板分离器实际运行过程中的压降要远远小于对分离效率产生影响的临界压差;考虑相变时,AP1000 旋叶分离器的分离效率与不考虑相变时的结果相对误差为 $[10^{-7}, 10^{-4}]$;蒸汽流速低于 10 m/s 时,液滴相变对旋叶分离器的分离效率不会产生影响;在实际运行过程中,可以忽略液滴相变对汽水分离器分离效率的影响。

另外,采用多液滴运动相变单向耦合模型,通过全尺寸三维建模仿真,进行了 AP1000 汽水分离器的分离性能研究。具体结构包括:上与下重力分离空间、初级旋叶分离器、孔板和次级波纹板分离器等结构。通过对 AP1000 汽水分离器运行过程中的分离性能进行计算,给出了各级分离器的分离效率、压降、进出口湿度、液滴尺寸分布等详细参数,为 AP1000 汽水分离器运行提供依据。结果表明,AP1000 汽水分离器总体压降约为 10 kPa;出口蒸汽的相对湿度总体位于 $10^{-7} \sim 10^{-3}$,分离器起到了较为高效的分离性能,能够除去大部分入射液滴,整个 AP1000 分离器出口蒸汽相对湿度满足要求;原有的二维简化模型与实际的三维模型的结果差别较大,更加准确的计算需要采用三维模型;下部重力分离空间会起到一定的分离作用,初级旋叶分离器的分离效率可达到95%以上,能够分离出大部分液滴,上部重力分离空间不会对液滴产生分离作用,但在一定程度上能够整合蒸汽流,起到减振降噪的作用;孔板的存在会导致次级波纹板分离器的入口流速呈现非均匀分布的状态,在一定程度上会影响波纹板分离器的分离性能。

第 4 章　多液滴运动相变双向耦合模型

在安全壳喷淋系统运行过程中,液滴运动相变过程是一个流场、温度场、浓度场的多物理场耦合,以及包括液滴尺寸和周围流场空间大小在内的多尺度耦合的过程,其物理现象和机理较为复杂。在以往的液滴蒸发过程的理论和数值模拟研究中,认为液滴在一个无限大的空间内运动并不断蒸发,液滴周围环境气体的参数一般选取为无穷远处或者来流的参数,忽略了液滴蒸发对于周围局部流场、温度场和浓度场的影响,没有考虑液滴蒸发过程中周围一定影响区域内的流场参数变化对液滴运动相变过程的影响。

但是在实际液滴蒸发过程中,液滴通常是在有限的空间内蒸发,液滴蒸发出来的蒸汽会通过扩散、导热或者对流等方式,与液滴表面附近的流体混合并交换热量,使液滴周围的流体温度发生变化,周围流场中蒸汽的浓度增加。另外,在安全壳喷淋、燃油喷雾、喷淋洗涤塔等设备运行过程中,由于液滴数量较多,液滴间的距离较小,采用无穷远处的流场参数进行计算时,忽略了液滴周围局部的流场信息,会带来计算误差,尤其当液滴密度较大时,采用无穷远或者来流参数计算假设,会导致数值模拟结果与实际结果之间存在较大的误差。

因此,有必要考虑液滴蒸发过程中其周围局部流场的参数,考虑两相间的相互作用,建立有限空间内液滴运动蒸发模型,并进行参数特性分析,以用于喷淋、喷雾等液滴数量较多的实际工况中进行更为精确的模拟仿真。

4.1　液滴蒸发影响域概念的提出

4.1.1　影响域概念

在液滴蒸发过程中,液滴蒸发出来的蒸汽通过扩散方式进入周围的流场中,首先会造成液滴表面附近的流体流动,并与液滴表面附近的流体混合并交换热量,使液滴周围的流体温度发生变化,周围流场中蒸汽的浓度增加；液滴表面附近被加热或者冷却的流体，依靠着扩散和导热或者对流的方式不断与周围的流体进行进一步的传质传热，并逐步向外传递，进而向整个流场传播，距离液滴越近的流体受液滴的影响越大，距离液滴越远的流体受影响越小。（类似波的传播过程，沿着传播的路径，由于能量损耗，波的能量会不断减弱，传播到一定位置时能量逐渐降低到零；水中波浪或者水波涟漪传播亦如此。）

　　理论上液滴在一定条件气相环境中蒸发的过程，会对液滴周围一定范围内的气相流场产生影响，因而存在一个液滴蒸发过程的影响区域，简称影响域。影响域应该具备这样的特征：影响域内，由于液滴的存在，液滴会不断蒸发并与流场换热，液滴周围流场参数变化较为剧烈，随着与液滴中心距离的增加，温度梯度、蒸汽组分浓度梯度逐渐降低并趋于零。如图 4.1 所示，沿着半径方向，气相中的蒸汽质量分数逐渐减小。

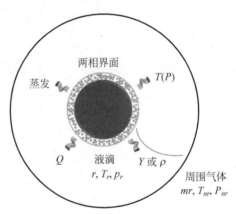

图 4.1　液滴蒸发的过程

　　为了定量描述影响域，选定温度梯度为液滴表面温度梯度的 0.1% 的位置处作为影响域的边界。在影响域内，需要考虑液滴蒸发对周围流场、温度场、浓度场等的影响，影响域外的这些影响可以忽略。

　　下面结合液滴在气相流场中的蒸发过程对影响域特征进行详细的定性和定量分析。目前，欧拉-欧拉和欧拉-拉格朗日方法是两种比较精确模拟液滴蒸发过程的方法，由于要弄清液滴蒸发过程对流场影响的细节，因此选取欧拉-欧拉方法中的 VOF 方法对液滴蒸发过程进行模拟，以了解液滴蒸发过程中流场、温度场和浓度场等参数变化的细节，进而对液滴蒸发影响域进行详细分析。

4.1.2　VOF 模型及实现

VOF 方法模拟液滴蒸发过程时,根据两相的体积份额 α 来进行气液界面的捕捉和跟踪,当液滴在气相中蒸发时,空气为主相,液滴为第二相即次相,此时的第二相体积份额 α 等于液滴相的体积份额 α_l,考虑到计算方法精度的要求,在计算中认为 α 小于 0.1 时为蒸汽相,α 大于 0.9 时为液滴相,$\alpha \in [0.1, 0.9]$ 时为气液界面即液滴表面的液膜,并且在计算液滴直径时认为液膜属于液滴的一部分。液滴与周围气体环境的传热传质发生在气液界面处。具体的数学模型包括连续性方程、动量守恒方程、能量守恒方程和组分扩散方程[154],其具体表达式如式(4.1)~式(4.5)所示。

$$\frac{\partial \alpha_i}{\partial t} + \boldsymbol{v} \cdot \nabla \alpha_i = \frac{S_{m, \alpha_i}}{\rho_i} \tag{4.1}$$

$$\frac{\partial}{\partial t}(\rho \boldsymbol{v}) + \nabla \cdot (\rho \boldsymbol{v} \boldsymbol{v}) = -\nabla p + \nabla \cdot \boldsymbol{\tau} + \rho \boldsymbol{g} + \boldsymbol{F} \tag{4.2}$$

$$\frac{\partial}{\partial t}(\rho E) + \nabla \cdot (\boldsymbol{v}(\rho E + p)) = \nabla \cdot (\lambda \nabla T - \Sigma h_j \boldsymbol{J}_j + (\boldsymbol{\tau}_{\text{eff}} \cdot \boldsymbol{v})) + S_E \tag{4.3}$$

$$\frac{\partial}{\partial t}(\rho Y_i) + \nabla \cdot (\rho \boldsymbol{v} Y_i) = -\nabla \cdot \boldsymbol{J}_i + S_i \tag{4.4}$$

$$J_i = -\rho D_v \frac{dY_i}{dx} \tag{4.5}$$

式中,S_{m, α_i}、S_E 和 S_i 分别为液滴蒸发的质量源项、两相换热的能量源项和组分源项。

上述模型借助 FLUENT 16.0 进行求解,对于液滴蒸发的质量源项、两相换热的能量源项和组分源项基于 C++自主编程计算得到,并通过 UDF 接口加入到 FLUENT 中,进行气液双向耦合计算,考虑气液两相间的相互作用。

对于源项的处理,VOF 方法是一种有限体积法,传热/传质的源项为单位体积内的传热量/传质量,而基于现有的传热/传质理论获得的传热量/传质量通常为传热/传质速率或者热流密度/质量流密度,单位分别为 W、kg/s、W/m² 、kg/(m² · s)(由于传热和传质的源项处理方法相似,为了简洁地描述源项的计算过程,下面从传质源项的处理为例进行说明),因此需要将质量流密度(面传质速率)转换为单位体积的传质速率。下面以二维模型为例,通过推导给出相应的转换方法,二维模型的气液界面的几何重构图像如图 4.2 所示。

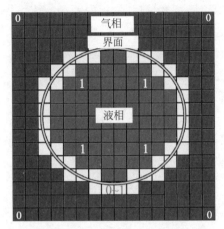

图 4.2　采用 VOF 模型的液滴几何重构图像

对于二维模型,假设划分为正方形网格,且网格尺寸大小一致,根据体积传质速率的定义有

$$m_i = \frac{\dot{m}_{\text{total}}}{V_{\text{total}}} = \frac{2\pi r G}{n V} = \frac{2\pi r G}{n L^2} = \frac{2\pi r}{n L} \frac{G}{L}, \quad \alpha \in [0.1, 0.9] \quad (4.6)$$

式中,n 为气液界面(液膜)处的网格总数量,V 为气液界面(液膜)处单个网格的面积(二维工况),L 为正方形网格边长。采用上述转换方法既可以保证气液界面的总传质速率保持不变,又考虑了液滴半径和网格尺寸的影响,保证了计算的精度。

通过量纲分析可知,单位体积传质速率与质量流密度(单位面积传质速率)满足如下关系:

$$m_i \approx \frac{G}{L} \quad (4.7)$$

因此,令单位体积传质速率与质量流密度的关系式为

$$m_i = \zeta \frac{G}{L}, \quad \alpha \in [0.1, 0.9] \quad (4.8)$$

则根据表达式(4.6)有

$$\zeta = \frac{2\pi r}{n L} \quad (4.9)$$

定义 ζ 为球形液滴或者气泡的面传质速率(质量流密度)与体积传质速

率的转换系数。ζ 的数值通过 UDF 程序的界面追踪方法来获得,对不同半径-网格尺寸比 r/L 条件下的界面网格的数量进行追踪,根据假设:$\alpha \in [0.1, 0.9]$时为气液界面即液滴表面的液膜,最终得到体积份额为$[0.1, 0.9]$时对应的 ζ 数值随不同半径-网格尺寸比 r/L 变化的曲线如图 4.3 所示。

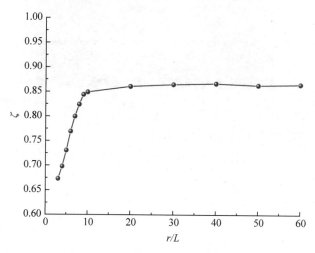

图 4.3　转换系数 ζ 随 r/L 变化曲线

从图 4.3 中的曲线可以看到,随着不同半径-网格尺寸比 r/L 比值的增加,转换系数逐渐趋于定值,这主要是由于随着 r/L 比值的增加,网格尺寸相对于液滴半径越来越小,对计算精度的影响越来越小。因此可以通过验证 r/L 比值来确保网格尺寸对传热传质的影响大小,保证网格无关性,并且,笔者通过理论推导和数值计算方法验证了这一结果[154]。图 4.4 给出了 r/L 为 3 时的液滴重构图像,从图中可以看到,当 r/L 较小时液滴已经明显偏离圆形或者球形,这也证明了上述转换方法和精度理论的正确。

另外,对于三角形网格也可以得到类似的结果。对于三角形网格,假设网格为等边三角形(会有一定的误差,但是可以通过控制畸变率来划分等边三角形网格),网格的边长为 L,根据体积传质速率的定义有

$$m_i = \frac{\dot{m}_{\text{total}}}{V_{\text{total}}} = \frac{2\pi rG}{0.5\sin 60° nL^2} = \frac{2\pi r}{0.866nL}\frac{G}{L}, \quad \alpha \in [0.1, 0.9] \quad (4.10)$$

从式(4.10)中可以看到,转换系数为

$$\zeta = \frac{2\pi r}{0.866nL} \qquad (4.11)$$

同理对于三维模型,也可以得到相应的体积传质速率。其中,对于正六

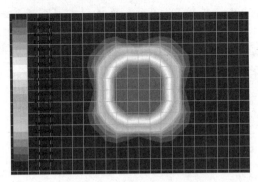

图 4.4　r/L 为 3 时的液滴重构图像(偏离圆形)

面体网格,体积传质速率与质量流密度的关系式为

$$m_i = \frac{\dot{m}_{\text{total}}}{V_{\text{total}}} = \frac{4\pi r^2 G}{nV} = \frac{4\pi r^2 G}{nL^3} = \frac{4\pi r^2}{nL^2} \frac{G}{L}, \quad \alpha \in [0.1, 0.9] \quad (4.12)$$

则相应的转换系数为

$$\zeta = \frac{4\pi r^2}{nL^2} \quad (4.13)$$

根据上述表达式便可以获得质量源项 S_{m,a_q},相应的能量源项 S_E 为 $m_i\gamma$,对于组分源项 S_i,由于液滴为单组分水滴,组分源项与质量源项相同。

4.1.3　模型验证

全部模型的验证分为 3 部分:①扩散方程验证;②蒸发模型验证;③能量平衡分析验证。其中,扩散方程验证是由于液滴在空气中蒸发时,水蒸气组分会与周围的空气混合并进行扩散;蒸发模型验证是为了验证液滴连续性方程和传热方程;能量平衡分析验证可以进一步验证上述液滴蒸发的瞬态计算结果与稳态计算结果的一致性。

(1) 扩散方程验证——燃气泄漏扩散模拟

为了对液滴运动相变双向耦合模型进行全面的验证,确保计算和工程应用的准确性,对模型分别进行扩散方程验证以及液滴蒸发模型的验证。其中,对于扩散方程的验证,选取的对比工况为王国磊[208]进行的室内燃气泄漏扩散实验工况,并与王亚冲等[209]进行的有限空间内室内燃气泄漏扩散过程数值模拟研究结果进行对比。相应的室内燃气泄漏实验具体参数为:模拟室内环境的实验室的具体几何模型如图 4.5 所示,尺寸为 1.3 m×1.1 m×2 m,在实验室顶部设置了通风口,通风速率为 3 m/s,底部设置了

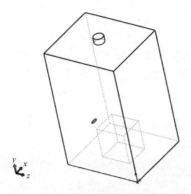

图 4.5　计算几何模型

障碍物。实验气体为二氧化碳,实验过程中通过侧面小孔由气瓶向室内供气,模拟气体泄漏,泄漏速率为 0.0085 m^3/s,实验过程中室内外温度均为 293 K,压力为大气压,通过传感器测量气体浓度值,监测点 H(0.30,0.40,0.65)。在计算过程中,认为二氧化碳气体为理想气体,以便考虑气体压缩效应以及充气过程中压力变化对物性参数的影响。

　　通过计算可以得到随着时间进行的二氧化碳的体积分数的变化,监测得到的 H 点二氧化碳体积分数随时间变化的曲线和实验值以及文献计算值的对比曲线如图 4.6 所示。从图 4.6 中可以看到,本书的计算值与实验值总体趋势符合较好,比原计算值精度更高,这主要是由于原文献中的计算过程认为二氧化碳气体不可压缩,没有考虑充气过程中实验装置内的压力

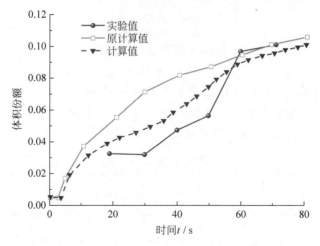

图 4.6　H 点处二氧化碳体积分数随时间变化

和参数的变化。

从图 4.7 的 10 s 时 $z=0.65$ m 截面二氧化碳体积分数分布图中也可以看到,本书计算得到的分布图与文献[209]中的计算结果分布较为一致,但是在泄漏孔口和通风口位置处由于考虑了气体的压缩性,二氧化碳在孔口位置处更为集中,并且由于流场的作用导致上部通风口处的流动方向并不是完全竖直方向,会有一定的偏移。

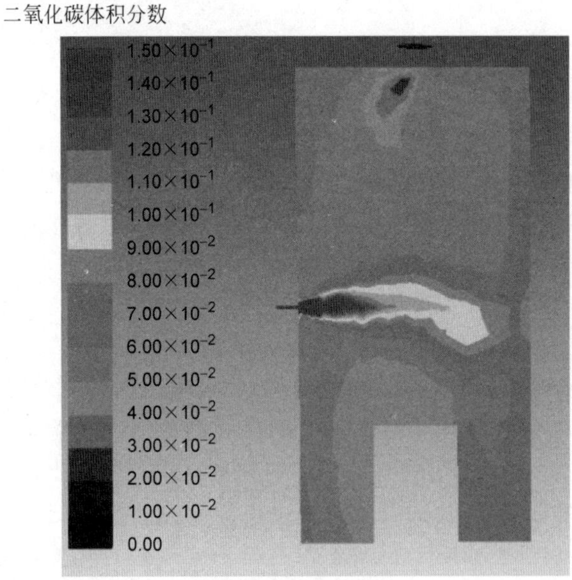

二氧化碳体积分数

图 4.7　10 s 时 $z=0.65$ m 截面二氧化碳体积分数分布图(见文后彩图)

(2) 蒸发模型验证——水滴蒸发过程模拟仿真

液滴蒸发模型与马力等[210]进行的高温气流中水滴蒸发过程实验进行对比,表明通过高速摄像仪测量液滴蒸发过程中的尺寸变化[109]。在计算过程中,液滴蒸发的传质和传热源项通过 UDF 添加到液滴表面进行液滴蒸发模拟。相应的计算参数表如表 4.1 所示。

表 4.1　计算参数表

$r_0/\mu m$	$V/(m/s)$	T_g/K	T_{d0}/K	RH/%
600	2	400	293.15	0

实际液滴为三维模型,但是若采用三维模型进行计算,计算速度较慢,为此采用 2D-Axisymmetric 二维轴旋转方法进行三维空间内液滴蒸发过

程计算,具体的流场几何结构如图 4.8 所示,出口边界条件为压力出口边界条件,需要指出的是为了保证液滴蒸发过程为球对称蒸发,选定的流场空间几何模型为半圆形,并绘制出各向同性的辐射状网格。

压力出口

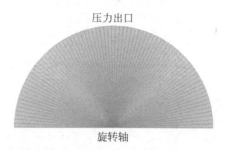

旋转轴

图 4.8　计算几何模型和网格划分(二维轴旋转 Axisymmetric,见文后彩图)

采用瞬态方法计算,多相流采用 VOF 模型,虽然液滴蒸发过程是层流,但是在蒸发过程中,液滴表面的气液界面蒸发较为剧烈,因此在计算过程中采用 k-ε 湍流模型进行求解,扩散模型中开启全组分扩散,选取 PISO 求解器进行压力-速度耦合求解,压力离散选取为 PRESTO!,体积份额方程选为 Geo-Reconstruct,瞬态方程采用一阶隐式求解,其他方程求解选为二阶迎风方法。源项通过编写 UDF 添加到 Source terms 接口,在混合区域(zone)内添加能量源项,phase 1 和 phase 2 区域内添加两个互为相反数的质量源项,收敛残差设为 10^{-3},计算时间步长为 10^{-4}。计算过程中的水蒸气和水参数根据水蒸气表查得,空气参数根据物性手册查得[194],扩散系数采用 Fuller 等的扩散系数关系式[3,194]计算得到。计算得到的液滴半径、温度变化与实验值对比曲线如图 4.9 所示,液滴半径变化曲线图中"网格 32-200"是指在几何空间的径向方向上划分 200 份网格,在圆周方向上每 1/4 圆划分 32 份网格即 1/2 圆周上共划分 64 个网格,通过三组不同网格尺寸划分方法对比可以看到,三组网格的计算结果趋势一致,误差较小,符合网格无关性条件。并且计算结果与实验值符合良好,说明所建立的液滴蒸发模型正确。液滴温度变化曲线图中,由于实验中缺少液滴的温度变化数据,因此通过无限导热模型的计算结果即图中的"参考值"曲线作为对比,从图中可以看到,采用 VOF 方法计算得到的液滴温度在非平衡加热阶段上升速率较无限导热模型的结果慢,但是最终的平衡温度一致,这主要是由于无限导热模型认为液滴内部温度等于液滴表面温度,没有考虑液滴内部导热的影响。

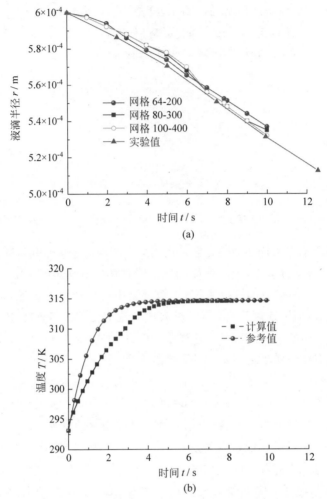

图 4.9   液滴半径、温度变化与实验值对比
（a）液滴半径变化；（b）液滴温度变化

图 4.10 和图 4.11 分别给出了液滴蒸发过程中气相流场的温度和浓度分布云图,从图中可以看到,低温液滴在高温空气中蒸发会使其周围的空气温度不断降低,水蒸气浓度不断升高,并且随着时间的推进,热量和蒸汽质量逐渐向外围传递,在图中表现为云图的边界逐渐向外扩展,符合前面提出的影响域的特征。

（3）能量平衡分析——密闭空间内能量平衡分析

上述液滴蒸发过程的验证是对液滴在瞬态蒸发过程的验证,而能量平

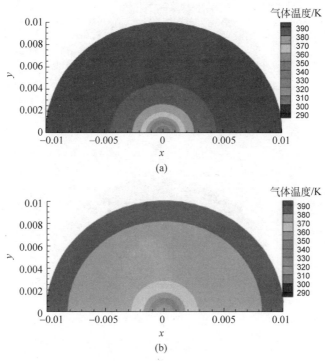

图 4.10　液滴蒸发过程中的温度场变化(见文后彩图)

(a) $t=1$ s; (b) $t=4$ s

衡或者热平衡是基于平衡态或者稳态的假设,通过能量平衡分析可以进一步验证液滴蒸发瞬态计算结果与稳态结果的一致性。根据能量平衡的基本方程可知,假如忽略从边界逃逸的气体的质量以及带走的热量,那么整个控制体内的能量应该是守恒的,即液滴蒸发吸热量应该等于周围空气温度降低的显热和液滴温度降低的显热之和,也就是液滴蒸发的热源来自液滴自身以及空气向液滴的传热量。另外,为了消除出口对能量平衡的影响,将图 4.8 中的压力出口边界条件改为零热流密度的壁面边界条件,可以保证流场空间内的能量交换只有液滴和空气之间的换热,此时再次计算液滴蒸发过程。

根据能量平衡理论可知,空气能量降低提供液滴蒸发的汽化潜热,同时使液滴温度升高。具体表达式如式(4.14)、式(4.15)所示。

$$m_{g0}c_{p}T_{g0}-m_{gt}c_{p}T_{gt}=\Delta m\gamma+(m_{t}c_{p1}T_{t}-m_{0}c_{p1}T_{0}) \quad (4.14)$$

$$m_{g0}c_{p}T_{g0}-m_{gt}c_{p}T_{gt}=(m_{0}-m_{t})\gamma+(m_{t}c_{p1}T_{t}-m_{0}c_{p1}T_{0}) \quad (4.15)$$

最终得到液滴蒸发过程中的液滴半径、温度变化和空气温度变化,以及

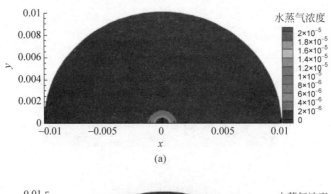

(a)

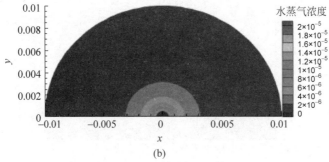

(b)

图 4.11　液滴蒸发过程中的浓度场变化(见文后彩图)

(a) $t=1$ s；(b) $t=4$ s

总的蒸发吸热量和气体降低的能量对比如表 4.2 所示。从表中可知,液滴的总蒸发吸热量与气体降低的能量近似相等,误差在 0.1% 以下,因此满足能量平衡理论,也就是说液滴蒸发瞬态计算结果与稳态结果一致,进一步验证了模型的正确性。

表 4.2　计算参数表

时间 t/s	r/μm	T_{do}/K	T_g/K	总蒸发吸热量/J	气体降低的能量/J
0	600	293.15	400		
4	579.58	308.21	329.89	0.352 355 27	0.352 030 60

4.2　影响域影响因素分析

从液滴蒸发的影响域概念可知,影响域主要与液滴蒸发的剧烈程度有关,在一定条件下,液滴蒸发越剧烈,相应的影响域也越大。因此,理论上,影响域尺寸(定义影响域半径为 R_{if})主要与液滴半径 r、温差 ΔT、时间 t、空

气中蒸汽质量分数 Y_∞、工作压力 p 或者温度 T 有关,即为多变量函数,其表达式可表示为 $R_{if} = f(r, \Delta T, Y_\infty, p, t)$。为此,将这些参数对影响域尺寸的影响逐个进行分析。

　　为了较为详尽、准确地了解影响域的影响因素,本书进行了大量的计算,计算的主要参数包括:液滴半径 r、温差 ΔT、时间 t、空气中蒸汽的蒸汽质量分数 Y、工作压力 p 或者温度 T 等,相应的计算参数表如表 4.3 所示,其中,定义流场空间的几何半径与液滴初始半径的比值为空间-液滴比。工况 5 为常压下所有计算工况的汇总。

表 4.3　计算参数表

工况	$r_0/\mu m$	T_{d0}/K	ΔT	T_g/K	空间-液滴比	Y_∞
1	100	293.15	106.85	400	20,40,60,80	0
2	20,50,60,80,90,100,150, 180, 200, 300, 400,500,600,1 000	293.15	106.85	400	60	0
3	100	293.15	10,20,50, 80,106.85	303.15~400	60	0
4	100	293.15	106.85	400	60	0~0.7
5	20,50,60,80,90,100,150, 180, 200, 300, 400,500,600,1 000	293.15	10,20,50, 80,106.85	303.15~400	60	0~0.7

　　表 4.3 中的计算工况的压力均为 0.101 325 MPa。另外,计算了不同压力条件(0.1~0.5 MPa)下的影响域的大小,进行压力对影响域的影响分析。

4.2.1　流场空间尺寸选定和无关性验证

　　上述影响域的概念和特性分析指出,由于液滴的存在,液滴周围流场参数变化较为剧烈,随着与液滴中心距离的增加,温度梯度、蒸汽组分浓度梯度逐渐降低并趋于 0。在影响域内,需要考虑液滴蒸发对周围流场、温度场、浓度场等的影响,影响域外这些影响可以忽略。为此,在计算开始需要选取流场空间的尺寸并进行无关性验证,确保液滴蒸发在一个相对较大的空间内进行,减少由于空间大小造成的计算误差,既要保证流场空间的尺寸大于液滴蒸发的影响域;同时,为了保证较高的计算效率,空间又不能太大。为此定义流场空间的几何半径与液滴初始半径的比值为空间-液滴比,因此需要对空间-液滴比进行无关性验证,选取的空间-液滴比分别是 20、40、60、80 四种计算工况并进行对比,计算工况为工况 1,计算得到的不同空间大小情况下不同时间的流场温度分布云图如图 4.12 所示。

从图 4.12 中可以看到,当空间-液滴比较小并且为 20 时,液滴蒸发过程中会对液滴周围的温度场产生较大的影响,此时,空间的尺寸和边界条件对流场、温度场和液滴蒸发的影响较大,会对计算结果的准确性产生较大影响;随着空间-液滴比的增加,液滴蒸发过程中对周围温度场的影响逐渐减小,尤其当空间-液滴比增加到 60 以上时,空间结构和边界条件对液滴蒸发

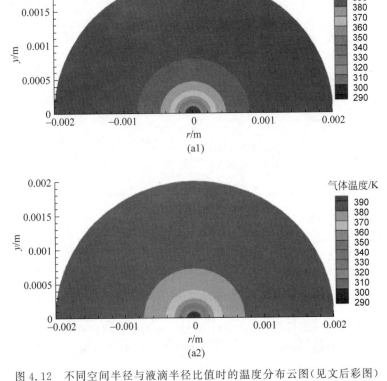

图 4.12　不同空间半径与液滴半径比值时的温度分布云图(见文后彩图)
(a1) 空间-液滴比 20,$t=1$ s;(a2) 空间-液滴比 20,$t=2$ s;(b1) 空间-液滴比 40,$t=1$ s;
(b2) 空间-液滴比 40,$t=2$ s;(c1) 空间-液滴比 60,$t=1$ s;(c2) 空间-液滴比 60,$t=2$ s;
(d1) 空间-液滴比 80,$t=1$ s;(d2) 空间-液滴比 80,$t=2$ s

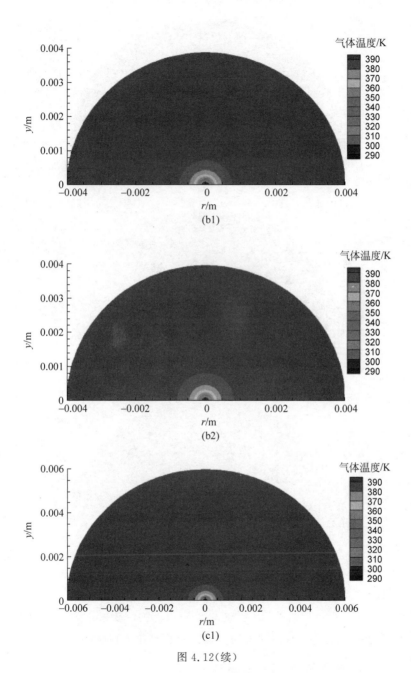

图 4.12(续)

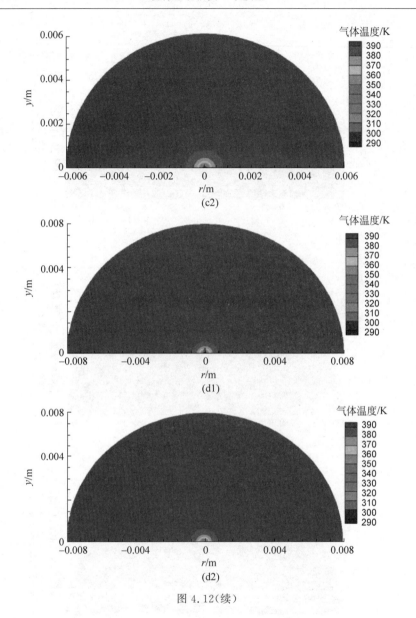

图 4.12(续)

过程的影响几乎可以忽略,满足空间-液滴比无关性要求。因此在计算中选定的空间-液滴比为 60,即空间的半径为液滴初始半径的 60 倍。

4.2.2 液滴半径对影响域的影响

本节分析液滴半径对影响域尺寸的影响,相应的计算工况参数为工况

2,计算得到了不同初始液滴半径对周围流场的影响,如图 4.13 所示。

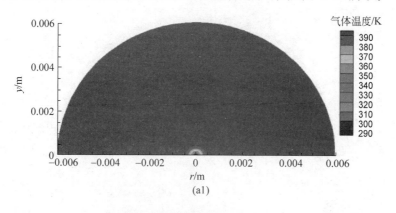

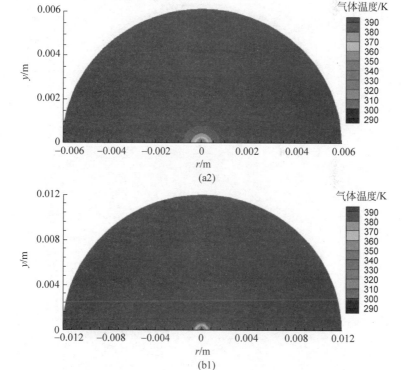

图 4.13　不同液滴初始半径时的温度分布云图(工况 2,见文后彩图)

(a1) $r_0=100\ \mu m$,$t=0.05\ s$; (a2) $r_0=100\ \mu m$,$t=2\ s$; (b1) $r_0=200\ \mu m$,$t=0.05\ s$;

(b2) $r_0=200\ \mu m$,$t=2\ s$; (c1) $r_0=600\ \mu m$,$t=0.05\ s$; (c2) $r_0=600\ \mu m$,$t=2\ s$;

(c3) $r_0=600\ \mu m$,$t=10\ s$; (c4) $r_0=600\ \mu m$,$t=20\ s$

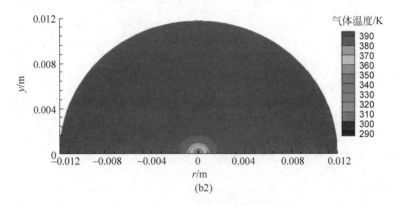

(b2)

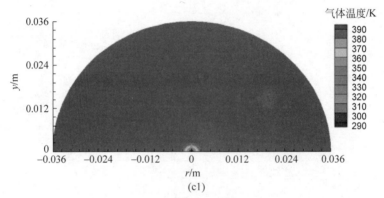

(c1)

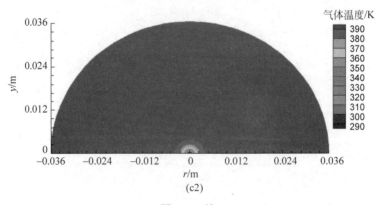

(c2)

图 4.13(续)

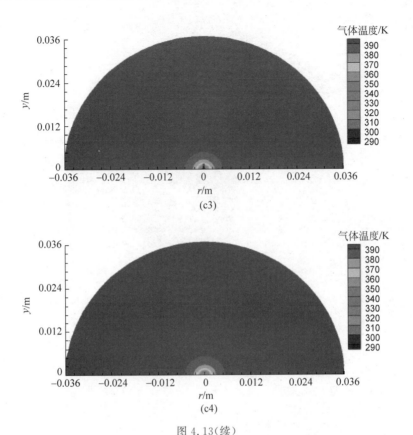

图 4.13(续)

　　从图 4.13 中可以看到,对于相同尺寸的液滴,随着蒸发过程的进行,液滴不断与周围气体传热传质,液滴温度逐渐升高,液滴周围的气体被冷却,液滴周围的气体温度云图逐渐向外扩展,并会趋于一定的稳定值(如 c1~c4)。从温度变化的三维图 4.14 中可以更加清楚地观测到,液滴蒸发过程中流场的温度随着时间变化并沿流场空间呈现径向分布。由图 4.16 可以看到,液滴内部的温度变化很小,可以认为液滴内部温度均匀,这也验证了第 2 章中液滴温度均匀假设的合理性,在液滴表面位置处温度变化十分剧烈,温度梯度较大,在远离液滴表面位置温度变化逐渐趋于平缓,这主要是由液滴和环境之间温差较大引起的。

　　为了更加清楚地对比不同时刻温度沿流场径向的变化,以及液滴蒸发过程的影响域大小,绘制了工况 2 液滴初始半径 r_0 为 100 μm 时温度沿流场的径向分布曲线,以及温度梯度沿径向的变化曲线,分别如图 4.15 和图 4.16 所示。

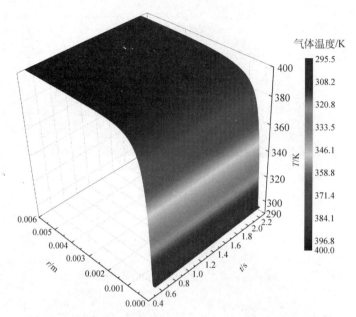

图 4.14　温度变化三维图(工况 2,$r_0 = 100\ \mu\mathrm{m}$,见文后彩图)

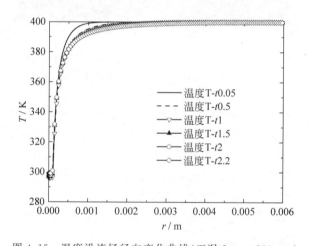

图 4.15　温度沿流场径向变化曲线(工况 2,$r_0 = 100\ \mu\mathrm{m}$)

　　从温度沿流场径向变化的曲线上可以看到,在液滴蒸发开始的很短时间内(t 小于 0.05 s),由于液滴与周围气相流场之间的温差较大,温度梯度很大,导致液滴与气相流场之间剧烈换热,快速形成较为稳定的温度分布;之后随着液滴蒸发过程的进行,换热强度逐渐趋于平稳,温度沿流场径向分

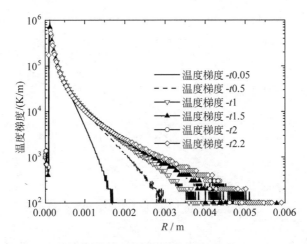

图 4.16　温度梯度沿流场径向的变化曲线(工况 2,$r_0 = 100\ \mu m$)

布缓慢变化,在图中表现为曲线的拐点逐渐下移,直至几乎保持不变。但是液滴内部的温度几乎呈现均匀分布。从图 4.16 温度梯度沿流场径向的变化曲线中可以更加清楚地观察这一变化,时间为 0.05 s 时,温度梯度只传播到 R 约 0.0017 m 的位置,随着时间的推进,逐渐向外扩展到更远的位置,并且最终趋于一定值 R 约 0.005 m 的位置,这主要是因为沿径向离液滴中心越远的流场空间半径越大,气体会有一定的热容和黏性,会储存或者消耗更多的热量,液滴和周围流场之间交换的热量沿着径向逐渐降低,直至趋于零。

　　根据前面影响域的边界概念,选定液滴周围气相流场的温度梯度为液滴表面温度梯度或者浓度梯度的 0.1% 的位置处作为影响域的边界,可以认为液滴中心到影响域的边界的半径为影响域的半径 R_{if},定义无量纲影响域半径为 $R^* = R_{if}/r$,其中 r 为液滴半径,需要指出的是这里的影响域半径为影响域稳定时的影响域半径。之后对影响域尺寸的分析和评价均以影响域半径为定量参数进行。通过计算汇总和结果分析,计算得到了工况 2 条件下,影响域半径随着液滴初始半径的变化曲线,如图 4.17 所示。在其他条件相同时,随着液滴半径的增加,液滴蒸发的影响域半径几乎线性增加,这主要是由液滴蒸发量增加以及与周围气相流场换热量增加导致的,与线性会有一定的偏差可能是由不同半径液滴的储热能力、表面积随半径变化的非线性造成的。

　　为了更加清楚地了解这一线性变化规律,绘制了无量纲影响域半径随

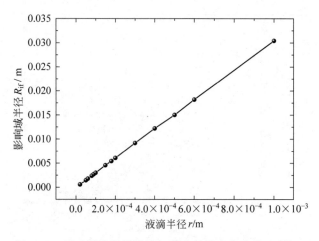

图 4.17　影响域半径随液滴初始半径的变化曲线(工况 2)

着液滴半径的变化曲线,无量纲影响域半径变化曲线如图 4.18 所示。从曲线上可以看到,无量纲影响域半径即影响域半径与液滴半径的比值,几乎是一个定值,位于(29.5,30.5),并且液滴半径越小,偏离平均值越大,这主要是由对于半径越小的液滴统计结果带来的误差相应增大造成的。为此,可以认为在工况 2 条件下,液滴蒸发的无量纲影响域半径为 30.5,在影响域内需要考虑液滴蒸发对周围气相流场的影响,影响域外这一影响几乎可以忽略,需要指出的是为了保守起见这里选取了最大无量纲影响域作为参考值,以保证影响域半径符合其特性要求。

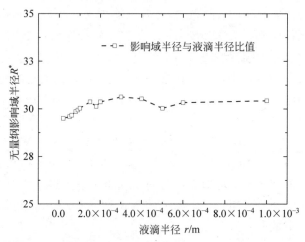

图 4.18　无量纲影响域半径随液滴半径的变化曲线(工况 2)

同样对于浓度变化也可以得到类似的分布,如图 4.19、图 4.20 和图 4.21 所示。

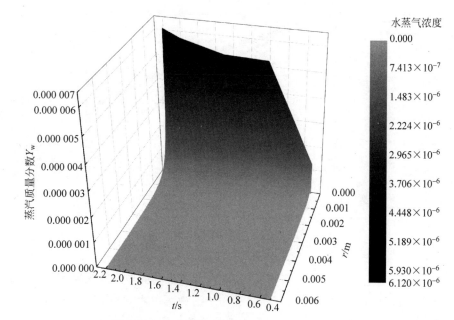

图 4.19　浓度变化三维图(工况 2,$r_0 = 100\ \mu m$)

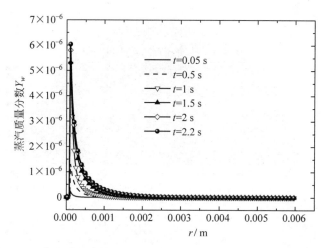

图 4.20　蒸汽质量分数沿流场径向的变化曲线(工况 2,$r_0 = 100\ \mu m$)

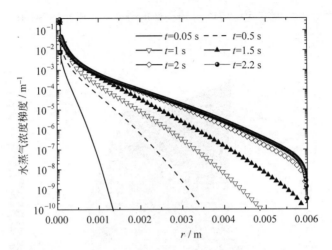

图 4.21   水蒸气浓度梯度沿流场径向的变化曲线(工况 2, $r_0 = 100\ \mu\text{m}$)

4.2.3   温差对影响域的影响

采用与上述相同的计算和统计方法,计算得到的工况 3 条件下,不同温差下的温度分布云图如图 4.22 所示。从图中可以看到,当温差从 30 K 增加到 106.85 K 时,温度云图中的最大值边界逐渐向外扩展,即液滴蒸发的影响域逐渐增加,这主要是由于温差决定了液滴和环境之间传热的剧烈程

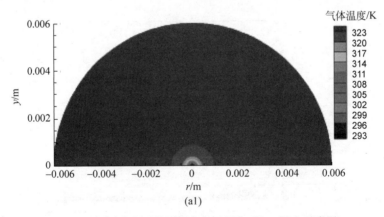

图 4.22   不同温差下的温度分布云图(工况 3,见文后彩图)

(a1) $\Delta T = 30$ K, $t = 0.05$ s; (a2) $\Delta T = 30$ K, $t = 2$ s; (b1) $\Delta T = 50$ K, $t = 0.05$ s;

(b2) $\Delta T = 50$ K, $t = 2$ s; (c1) $\Delta T = 80$ K, $t = 0.05$ s; (c2) $\Delta T = 80$ K, $t = 2$ s;

(d1) $\Delta T = 106.85$ K, $t = 0.05$ s; (d2) $\Delta T = 106.85$ K, $t = 2$ s

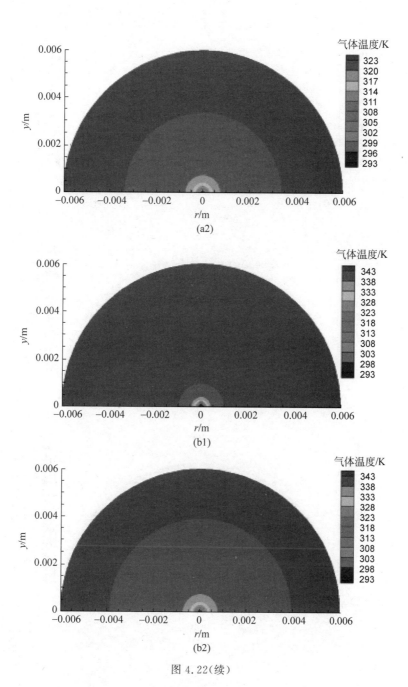

图 4.22(续)

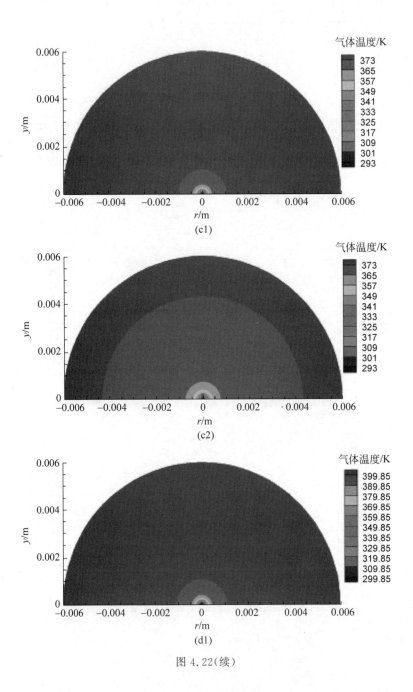

图 4.22(续)

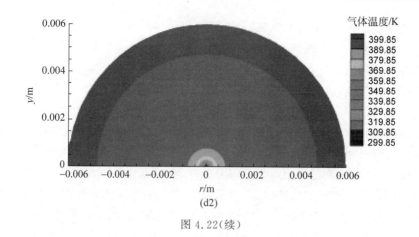

图 4.22(续)

度,其他条件相同时,温差越大,传热数和换热系数也相应增加,导致液滴温度快速升高,蒸发加快,相应的影响域也越大。

　　为了更加准确地了解温差对影响域尺寸的影响,归纳得到了无量纲影响域半径随液滴与气相温度间温差的变化曲线如图 4.23 所示。从图中可以看到,随着液滴与气相温度间温差的增加,液滴蒸发的影响域也逐渐增加,近似符合一定的线性规律。

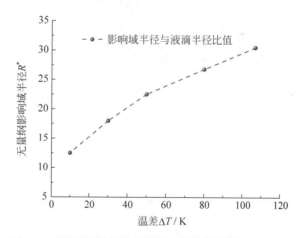

图 4.23　无量纲影响域半径随温差的变化曲线(工况 3)

4.2.4　蒸发时间对影响域尺寸的影响

　　从前面不同时间的温度分布云图中可以看到,在蒸发开始的很短时间内,液滴蒸发对气相流场的影响区域很小,随着时间推进、蒸发和传热的影响域逐渐扩大,直至趋于稳定。为了明确蒸发时间对影响域的影响,通过计算工况 2 和工况 3 得到不同液滴初始半径、不同温差下无量纲影响域半径随着蒸发时间的变化曲线如图 4.24 所示。从图中可以看到,随着时间推进,影响域半径快速增加,尤其在开始很短时间内快速增加,之后增加的速度逐渐减慢,直至趋于稳定,变化趋势呈指数变化;在温差相同时,无量纲影响域半径与液滴半径无关;随着温差的增加影响域半径也逐渐增加;达到稳定的时间随着温差的增加略有增加。这主要是由于在液滴蒸发开始的一段时间内,液滴与周围气相之间温差较大,温度梯度很大,温度快速传递,表现为影响域半径的快速增加,之后温度梯度逐渐降低导致温度和能量传递速度减慢,直至趋于稳定;另外,随着温差的增加,温度梯度更大,液滴蒸发更为剧烈,需要更长的时间才能达到稳定,并且在时间较短的一段时间内,液滴蒸发时间较短,液滴半径变化较小,因此液滴半径变化对影响域产生的影响几乎可以忽略(蒸发时间较长时,影响域半径增加到某一稳定值之后会逐渐减小)。

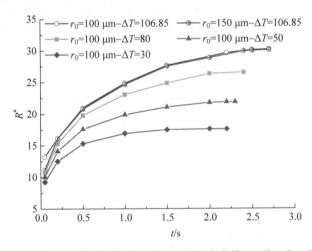

图 4.24　无量纲影响域半径随蒸发时间的变化曲线(工况 2 和工况 3)

从图 4.25 中可以看到,无量纲影响域半径随蒸发时间变化呈指数变化规律,通过拟合得到的相关性系数为 0.9985,拟合曲线与原数值吻合较好。

4.2.5　工作压力、空气湿度对影响域尺寸的影响

另外,计算了不同空气湿度(工况 4)和不同压力条件(0.1~0.5 MPa)下影响域的大小。相应的无量纲影响域半径随空气中水蒸气质量分数和工

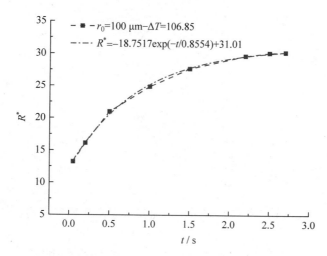

图 4.25　无量纲影响域半径随蒸发时间的变化曲线(工况 2, $r_0 = 100\ \mu m$)

作压力的变化曲线如图 4.26 和图 4.27 所示。随着蒸汽质量分数的增加，影响域半径逐渐减低，下降趋势近似呈二次函数，这主要是由于蒸汽质量分数增加会导致空气湿度增加，传质数减小，液滴蒸发速率减慢，蒸发出来的蒸汽与周围气相的混合作用削弱，在一定程度上会削弱传热；另外，在其他条件相同时，气体中的蒸汽质量分数越大，蒸发吸热越小，液滴与气相之间的换热更多地用于液滴加热，液滴温度升温速率越快，液滴平衡温度越高，与周围气相之间的温差越小，温度梯度减小，减弱了液滴与气相之间的换

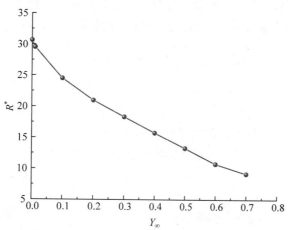

图 4.26　无量纲影响域半径随空气中水蒸气质量分数的变化曲线(工况 4)

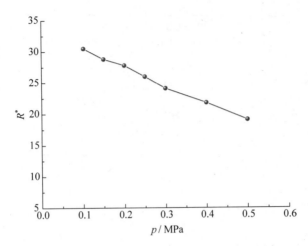

图 4.27　无量纲影响域半径随工作压力的变化曲线(工况 1,压力 0.1~0.5 MPa)

热,使得影响域半径减小。

　　从无量纲影响域半径随工作压力的变化曲线中可以看到,随着工作压力的增加无量纲影响域半径逐渐减小,近似呈现线性规律,但是整体变化的幅度比影响域半径随液滴半径、温差、空气中水蒸气质量分数的变化幅度要小得多。这主要是由于在其他条件相同时,工作压力增加,气体的密度快速增加,比热容也逐渐增加,热扩散率减小,热量在液滴和气相之间传递的过程中,气相自身会吸收更多的热量,使向外传递的热量减小,导致影响域半径减小;另外,工作压力增加会导致蒸汽的扩散系数降低,液滴和气相之间的温差减小,也会导致液滴蒸发的影响域半径减小。

4.2.6　影响域大小的影响因素综合分析

　　从前述研究可知,影响域尺寸(定义影响域半径为 R_{if})主要与液滴半径 r、温差 ΔT、时间 t、空气中蒸汽质量分数 Y_∞、工作压力 p 或者温度 T 有关,即为多变量函数,其表达式为 $R_{if}=f(r,\Delta T,Y_\infty,p,t)$。通过大量的数值计算和分析归纳汇总,得到的无量纲影响域半径与这些参数的关系式如下:

$$R^* = \frac{R_{if}}{r} = f(\Delta T, Y_\infty, p, t) \tag{4.16}$$

　　关系式(4.16)为多函数表达式,较为抽象,为了明确上述关系式的具体形式,根据前面对影响域影响因素的分析可知,温差对影响域的大小起关键作用,因此可以以温差作为主要函数变量,其他变量作为与温差相关的修正

系数,这样可以得到相应的无量纲影响域半径表达式为

$$R^* = \frac{R_{if}}{r} = f(\Delta T, Y_\infty, p, t) = \xi_t \xi_Y \xi_P f(\Delta T) \qquad (4.17)$$

式中,ξ_t、ξ_Y、ξ_P 分别为时间、蒸汽质量分数、工作压力的修正系数。

　　下面按照温差、时间、蒸汽质量分数、工作压力的参数顺序逐个进行数据拟合,并通过归一化处理给出相应的修正系数。

　　(1) 无量纲影响域半径随温差的变化近似呈线性变化,相应的拟合关系式为

$$R^* = \frac{R_{if}}{r} = 0.1813\Delta T + 12.02 \qquad (4.18)$$

　　(2) 无量纲影响域半径随时间的变化近似呈指数变化,相应的拟合关系式为

$$\begin{cases} R^* = \dfrac{R_{if}}{r} = A\exp\left(-\dfrac{t}{\tau}\right) + y_0 \\ A = 0.0008\Delta T^2 - 0.2353\Delta T - 3.1818 \\ \tau = 0.008\Delta T + 0.14 \\ y_0 = 0.1722\Delta T + 12.732 \end{cases} \qquad (4.19)$$

$$R^* = \frac{R_{if}}{r} = (0.0008\Delta T^2 - 0.2353\Delta T - 3.1818)\exp\left(-\frac{t}{0.008\Delta T + 0.14}\right) +$$
$$0.0427\Delta T + 27.148 \qquad (4.20)$$

　　通过归一化处理,相应的修正系数为

$$\xi_t = \left[(0.0008\Delta T^2 - 0.2353\Delta T - 3.1818)\exp\left(-\frac{t}{0.008\Delta T + 0.14}\right) + \right.$$
$$\left. 0.0427\Delta T + 27.148 \right] / 30.5$$

$$= (2.623\times10^{-5}\Delta T^2 - 0.0077\Delta T - 0.104)\exp\left(-\frac{t}{0.008\Delta T + 0.14}\right) +$$
$$0.0014\Delta T + 0.8901 \qquad (4.21)$$

　　(3) 无量纲影响域半径随空气中蒸汽质量分数的变化近似呈二次函数规律,通过数据拟合并进行归一化处理,相应的关系式为

$$\xi_Y = \frac{31.216Y_\infty^2 - 50.491Y_\infty + 30.338}{30.338} = 1.029Y_\infty^2 - 1.664Y_\infty + 1 \qquad (4.22)$$

　　(4) 无量纲影响域半径随工作压力近似呈线性变化,通过数据拟合并

进行归一化处理,相应的关系式为

$$\xi_P = \frac{-29.983p + 33.498}{30.5} = -0.983p + 1.098 \tag{4.23}$$

所以最终拟合得到的总的表达式为

$$R^* = \frac{R_{if}}{r} = \xi_t \xi_Y \xi_P f(\Delta T) = (0.1813\Delta T + 12.02) \times$$

$$(1.029Y_\infty^2 - 1.664Y_\infty + 1) \times (-0.983p + 1.098) \times$$

$$\left[(2.623 \times 10^{-5}\Delta T^2 - 0.0077\Delta T - 0.104)\exp\left(-\frac{t}{0.008\Delta T + 0.14}\right) + \right.$$

$$\left. 0.0014\Delta T + 0.8901\right] \tag{4.24}$$

需要指出的是上述关系式是在一定工况下得到的,其适用范围为 $0.1\ \text{MPa} \leqslant p \leqslant 0.5\ \text{MPa}, 0 \leqslant Y_\infty \leqslant 0.7, 5\ \mu\text{m} \leqslant r \leqslant 1000\ \mu\text{m}$。

最终得到的原始计算值与拟合值之间的误差对比如图 4.28 所示。

从图 4.28 中可以看到,无量纲影响域半径拟合值与原计算值吻合较好,全部误差介于 $\pm 20\%$ 之间,对于大多数情况误差在 $\pm 10\%$ 以内。也就是说,影响域主要受温差、液滴半径、蒸汽浓度、工作压力、蒸发时间等参数的影响,并且满足上述表达式。

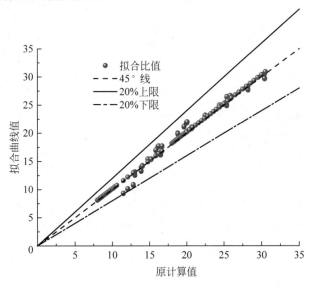

图 4.28　基于温度梯度的无量纲影响域半径拟合值与原计算值的对比

同理,对于浓度影响域无量纲半径最终拟合得到的总的表达式为

$$R^* = \frac{R_{if}}{r} = (0.182\Delta T + 12.3) \times (1.03Y_\infty^2 - 1.671Y_\infty + 1) \times$$

$$(-0.983p + 1.098) \times \Big[(2.885 \times 10^{-5}\Delta T^2 - 0.008\,47\Delta T - 0.114)$$

$$\exp\Big(-\frac{t}{0.0065\Delta T + 0.122}\Big) + 0.006\,22\Delta T + 0.4591 \Big] \qquad (4.25)$$

最终得到的原始计算值与拟合值之间的误差对比如图 4.29 所示。

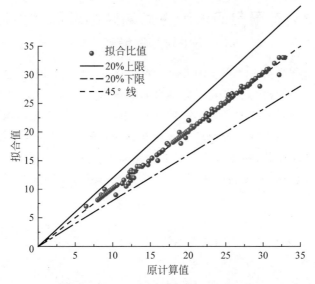

图 4.29　基于浓度梯度的无量纲影响域半径拟合值与原计算值的对比

从上面基于温度梯度和基于浓度梯度的无量纲影响域半径的拟合曲线对比可以看到,二者的变化规律一致,具体数值略有差别,从侧面反映了传热和传质过程可以进行比拟,通过计算得到在上述工况中的路易斯数 $Le = Sc/Pr = \lambda/\rho c D_v$ 基本位于 $[0.5, 1.5]$,大多数在 1 附近,符合传热和传质的比拟理论条件。

另外,Castanet 等[175,176] 和 Deprédurandet 等[191] 通过实验研究了线性分布的单个燃油液滴束流动过程中液滴的传热和传质特性,定义了定量参数空间参数 C,空间参数定义为液滴之间的间距与液滴直径的比值,这个空间参数 C 与本书提出的无量纲影响域半径 R^* 定义类似,研究结果表明当空间参数较小时,液滴间的相互作用会削弱液滴蒸发,考虑液滴间的相互作

用时的 Nusselt 数和 Sherwood 数要小于单个液滴蒸发时的数值,也就是说液滴间的相互作用抑制了液滴的蒸发,当空间参数 C 大于 9 时,液滴间的相互作用可以忽略。因此,从侧面反映出液滴蒸发过程只对其周围的一定范围内的区域产生影响。并且,本研究计算得到的结果显示,在大多数情况下无量纲影响域半径均大于 10,这与 Castanet 等[175,176] 和 Deprédurandet 等[191] 的研究结果一致。从这一方面看,本书提出的蒸发液滴的影响域概念是合理的,可以进一步拓展到两相间相互耦合作用的研究中。

4.3　有限空间内考虑影响域的液滴运动相变双向耦合模型

上述研究中指出在现有的液滴蒸发过程的理论和数值模拟研究中,认为液滴在一个无限大的空间内运动并不断蒸发,液滴周围环境气体的参数为无穷远处或者来流的参数,忽略液滴蒸发对于周围流场的影响,没有考虑液滴蒸发过程中周围一定影响区域内流场、温度场和浓度场参数变化的影响会带来计算误差,因此有必要考虑液滴蒸发过程中其周围局部流场的参数,建立有限空间内液滴运动蒸发模型,并进行参数特性分析。

4.3.1　现象描述和机理解释

图 4.30 表示液滴在气体环境中的蒸发过程,其中,中心灰色圆球代表液滴,液滴表面有一定厚度的汽液界面,方形框线代表着一定尺寸的空间边界。液滴在有限空间内运动的过程中,在液滴表面蒸汽膜内蒸汽和环境气体组分之间浓度差的驱动下会不断进行蒸发,液滴蒸发出来的蒸汽通过扩散方式进入周围的流场中,首先会造成液滴表面附近的流体流动,然后与液滴表面附近的流体混合并交换热量,致使液滴周围的流体温度发生变化,周围流场中蒸汽的浓度增加,造成液滴蒸发过程中其周围气相流体的温度、组分浓度等参数发生变化,进而又会对液滴蒸发产生影响;液滴表面附近被加热或者冷却的流体,依靠着扩散和导热或者对流的方式不断与周围的流体进行进一步传质传热。因此,在液滴蒸发的整个过程中,液滴半径、温度等参数不断变化,气相流场的温度、蒸汽浓度等参数也不断变化,并且气液两相之间相互影响,在每一时刻都会进行双向耦合,直到液滴完全蒸干或者液滴表面液膜内的蒸汽浓度与周围气体中的蒸汽浓度一致,从而重新达到气液相平衡。

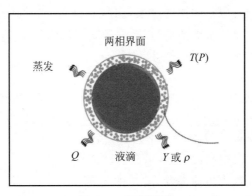

图 4.30　液滴蒸发

4.3.2　数学模型

为了建立更加合理的数学模型,作出了以下几个基本假设。

(1)液滴球对称蒸发:在本书所研究的工况中,液滴的半径一般小于 1 mm,液滴较小,可以认为蒸发过程中液滴保持球形;

(2)液滴内部温度均匀:液滴半径较小,毕渥数小于 0.1,可以忽略液滴内温度梯度;

(3)忽略辐射传热:在本书的计算中,液滴与管道壁面间的温差较小,可以忽略辐射传热;

(4)液滴与气相之间的作用为双向耦合:液滴在空气中运动蒸发时,会受到气体力的作用并被加热或者冷却,同时会对周围气相流场产生影响,为此需要考虑液滴与气相之间的双向耦合作用;

(5)考虑 Stefan 流的影响、忽略 Soret 效应和 Dufour 效应[136]:液滴在气体中运动蒸发的过程包含着多组分之间的混合扩散和漂移流动,需要考虑 Stefan 流的影响,但是在本书所研究的工况中浓度梯度造成的传热和温度梯度造成的传质很小,可以忽略。

完整的数学模型包括气相控制方程和液滴相控制方程。

(1)液滴相控制方程

液滴相控制方程包括液滴传热、传质模型和液滴运动模型。其中液滴运动模型在 2.2 节中已经作出了详细介绍,在此不再赘述,直接采用第 2 章的运动模型结果。下面着重介绍有限空间内液滴蒸发模型中的传质模型和传热模型的推导方法。

　　对于液滴在有限空间内的蒸发过程,此时周围流场的温度和压力不能选定为无穷远处或者来流的参数,需要选定为当地参数,为此建立精确的液滴蒸发过程的传质和传热模型。

　　(a) 传质模型

　　如图 4.31 所示,液滴表面位置为距离液滴中心 r 处的位置,假定气相参数为距离液滴中心 nr 处的参数,即采用 nr 位置处的气相参数来替代以往计算中的无穷远位置处的气相参数或者来流参数,也就是说通过这种方法选定液滴运动蒸发过程中其周围气相参数为当地参数,以便建立精确的考虑当地流场参数的液滴蒸发过程的传质和传热方程。

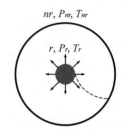

图 4.31　液滴参数与周围一定位置处的流场参数

　　实际计算过程中,假如液滴周围任意位置处的流场参数均已知,并且流场参数变化不是非常剧烈,那么原则上可以选取任意位置处的表面作为计算边界,即 n 可以取任意值,但是相应的传热和传质方程需要通过推导得到[154],具体理论推导如下。

　　根据基本的传质理论并考虑 Stefan 流对传质的影响有

$$\dot{m} = 4\pi r^2 D_v \frac{d\rho}{dr} + Y_v \dot{m} \tag{4.26}$$

式中,$\dot{m}$ 为液滴的质量变化速率,单位为 kg/s;D_v 为蒸汽的自扩散系数,单位为 m^2/s,根据 Fuller 等[194]提出的扩散系数经验关系式计算得到。

　　由式(4.26)可得

$$\dot{m} = \frac{4\pi r^2 \rho_s D_v \dfrac{dY_v}{dr}}{1 - Y_v} \tag{4.27}$$

$$\frac{\dot{m}}{4\pi \rho_s D_v} \frac{dr}{r^2} = \frac{dY_v}{1 - Y_v} \tag{4.28}$$

　　式(4.28)沿半径方向在 $[r, nr]$ 上进行积分整理可得

$$-\left. \frac{\dot{m}}{4\pi r \rho_s D_v} \right|_r^{nr} = \ln(1 - Y_v) \Big|_{Y_s}^{Y_\infty} \tag{4.29}$$

$$\dot{m} = \frac{n}{n-1} 4\pi r \rho_s D_v \ln\left(\frac{1 - Y_\infty}{1 - Y_s} \right) \tag{4.30}$$

　　有对流时变为

$$\dot{m} = \frac{n}{n-1} 2\pi r \rho_s \mathrm{Sh} \ln\left(\frac{1-Y_\infty}{1-Y_s}\right) \tag{4.31}$$

则可得对于经典的传质模型,在空气中的蒸发模型为

$$\frac{\mathrm{d}r}{\mathrm{d}t} = \frac{n}{n-1} \frac{\rho_s D_v}{\rho_d r} \ln\left(\frac{1-Y_\infty}{1-Y_s}\right) = \frac{n}{n-1} \frac{\rho_s D_v}{\rho_d r} \ln(1+B_M) \tag{4.32}$$

有对流时变为

$$\frac{\mathrm{d}r}{\mathrm{d}t} = \frac{n}{n-1} \frac{\mathrm{Sh}\rho_s D_v}{2\rho_d r} \ln(1+B_M) \tag{4.33}$$

式中,ρ_s 为液滴表面液膜内的混合气体的密度。

舍伍德数 Sh 和雷诺数 Re 的表达式分别为

$$\mathrm{Sh} = 2.0 + 0.6\mathrm{Re}^{0.5}\mathrm{Sc}^{1/3} \tag{4.34}$$

$$\mathrm{Re} = \frac{2\rho_s v r}{\mu} \tag{4.35}$$

式中,μ 为蒸汽的动力黏度,单位为 kg/(m·s); Sc 为施密特数。

(b) 传热模型

可以将液滴与周围气体的导热或者传热近似等效为通过球壳的导热,对于一维球对称坐标系,常物性、无内热源、稳态的导热微分方程为

$$\frac{1}{r^2} \frac{\mathrm{d}}{\mathrm{d}r}\left(\lambda r^2 \frac{\mathrm{d}T}{\mathrm{d}r}\right) = 0 \tag{4.36}$$

式(4.36)沿半径方向进行积分整理可得

$$T = T_2 + (T_1 - T_2) \frac{1/r - 1/r_2}{1/r_1 - 1/r_2} \tag{4.37}$$

则热流量为

$$Q = \frac{4\pi\lambda(T_1 - T_2)}{1/r_1 - 1/r_2} \tag{4.38}$$

若取 $r_1 = r, r_2 = nr$,则可得热流量为

$$Q = \frac{4\pi\lambda(T_r - T_{nr})}{1/r - 1/nr} = \frac{n}{n-1} 4\pi r\lambda(T_r - T_{nr}) \tag{4.39}$$

则有对流时的热流量应当为

$$Q = \frac{n}{n-1} 4\pi r^2 h(T_r - T_{nr}) \tag{4.40}$$

则液滴能量守恒方程为

$$mc_p \frac{\mathrm{d}T}{\mathrm{d}t} = \frac{n}{n-1} 4\pi r^2 h(T_{nr} - T_r) + \gamma\dot{m} \tag{4.41}$$

最终化简得到液滴温度变化为

$$\frac{\mathrm{d}T}{\mathrm{d}t} = \frac{3}{\rho_\mathrm{d} c_\mathrm{p} r} \left[\frac{n}{n-1} h(T_{nr} - T_r) + \gamma \rho_\mathrm{d} \frac{\mathrm{d}r}{\mathrm{d}t} \right] \tag{4.42}$$

式中，T_r 和 T_{nr} 分别是液滴表面温度和距离液滴中心 nr 处的气相温度。

综上，结合液滴运动模型和液滴传热传质模型，可得完整的液滴运动相变模型为

$$\left.\begin{aligned}
\frac{\mathrm{d}\boldsymbol{x}}{\mathrm{d}t} &= \boldsymbol{v} \\
\frac{\mathrm{d}\boldsymbol{\omega}}{\mathrm{d}t} &= \lambda_1 C_\mathrm{M} \left| \boldsymbol{\omega} - \frac{\boldsymbol{\Omega}}{2} \right| \left(\boldsymbol{\omega} - \frac{\boldsymbol{\Omega}}{2} \right) \\
\frac{\mathrm{d}\boldsymbol{v}}{\mathrm{d}t} &= \lambda_2 C_\mathrm{D} \left| \boldsymbol{u} - \boldsymbol{v} \right| (\boldsymbol{u} - \boldsymbol{v}) + \lambda_3 C_\mathrm{Ma} (\boldsymbol{u} - \boldsymbol{v}) \times \left(\boldsymbol{\omega} - \frac{\boldsymbol{\Omega}}{2} \right) + \\
&\quad \lambda_4 C_\mathrm{Sa} \left| \boldsymbol{\Omega} \right|^{-0.5} \left[(\boldsymbol{u} - \boldsymbol{v}) \times \boldsymbol{\Omega} \right] + \lambda_5 \boldsymbol{g} \\
\frac{\mathrm{d}r}{\mathrm{d}t} &= \frac{n}{n-1} \frac{\mathrm{Sh}\rho_\mathrm{s} D_\mathrm{v}}{2\rho_\mathrm{d} r} \ln(1 + B_\mathrm{M}) \\
\frac{\mathrm{d}T}{\mathrm{d}t} &= \frac{3}{\rho_\mathrm{d} c_\mathrm{p} r} \left[\frac{n}{n-1} h(T_{nr} - T) + \gamma \rho_\mathrm{d} \frac{\mathrm{d}r}{\mathrm{d}t} \right]
\end{aligned}\right\} \tag{4.43}$$

（2）气相控制方程

气相控制方程包括连续性方程、动量守恒方程、能量守恒方程和组分扩散方程[154]，具体方程形式如下：

$$\frac{\partial \rho}{\partial t} + \nabla \cdot (\rho \boldsymbol{v}) = S_m \tag{4.44}$$

$$\frac{\partial}{\partial t}(\rho \boldsymbol{v}) + \nabla \cdot (\rho \boldsymbol{v}\boldsymbol{v}) = -\nabla p + \nabla \cdot \boldsymbol{\tau} + \rho \boldsymbol{g} + \boldsymbol{F} \tag{4.45}$$

$$\frac{\partial}{\partial t}(\rho E) + \nabla \cdot [\boldsymbol{v}(\rho E + p)] = \nabla \cdot \left(\lambda \nabla T - \sum h_j \boldsymbol{J}_j + (\boldsymbol{\tau}_\mathrm{eff} \cdot \boldsymbol{v}) \right) + S_E$$
$$\tag{4.46}$$

$$\frac{\partial}{\partial t}(\rho Y_i) + \nabla \cdot (\rho \boldsymbol{v} Y_i) = -\nabla \cdot \boldsymbol{J}_i + S_i \tag{4.47}$$

$$\boldsymbol{J}_i = -\rho D_\mathrm{v} \frac{\mathrm{d}Y_i}{\mathrm{d}x} \tag{4.48}$$

式中，$\boldsymbol{F}$ 为液滴对流场的作用力，根据本书第 2 章中液滴受力分析给出，其具体数值为流场对液滴作用力的反作用力 $-\sum(m\boldsymbol{a} - F_G)/V_\mathrm{cell}$，其中 m 为液滴的质量，$\boldsymbol{a}$ 为液滴的加速度，V_cell 为网格的体积；S_m、S_E 和 S_i 分别为液滴蒸发的质量源项、两相换热的能量源项和组分源项，其具体数值表达

式如下：

$$S_m = \sum_j \dot{m}/V_{\text{cell}} = \sum_j \frac{n}{n-1} 2\pi r \rho_s \mathrm{Shln}(1+B_\mathrm{M})/V_{\text{cell}} \qquad (4.49)$$

$$S_E = \sum_j Q/V_{\text{cell}} = \sum_j \frac{n}{n-1} 4\pi r^2 h (T_r - T_{nr})/V_{\text{cell}} \qquad (4.50)$$

式中，j 为一个网格内的液滴数目。对于水滴在空气中的蒸发，只有水一种蒸发组分，此时组分源项 S_i 与液滴蒸发的质量源项 S_m 相同。具体源项的添加方法将在 4.3.3 节中进行介绍。

4.3.3　影响域内距离反比权重法的源项加载方法

　　传统的 Euler-Lagrange 方法将两相间耦合的源项加载在液滴所在位置处的单个网格内，此时要求网格尺寸比液滴尺寸要大得多，一般要求 10 倍以上[134,211]，否则会导致单个网格内质量、动量或者能量源项过大而造成计算发散。基于上述对液滴蒸发影响域的研究，可以考虑液滴蒸发过程一定范围内的影响域，将液滴运动、蒸发的质量、动量、能量源通过距离反比权重法加载在液滴周围的影响域内，这样避免了一个网格内由于源项太大而造成的计算发散或者出现奇点等问题，可以改善原有的传统方法不能计算离散相体积份额较大的问题，保证计算更容易收敛，在一定程度上提高模型的适用范围、提高计算的精度。笔者提出的考虑影响域大小的源项加载如图 4.32 所示。从图中可以看到，传统的 Euler-Lagrange 方法将源项加

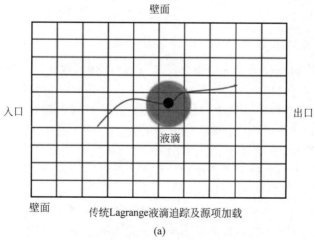

图 4.32　影响域内按照距离反比权重法加载源项方法
(a) 传统源项加载方法；(b) 影响域内源项加载方法

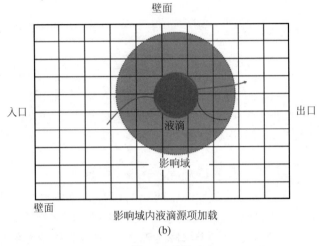

影响域内液滴源项加载

(b)

图 4.32(续)

载在液滴所在位置处的单个网格内或者其周围紧挨着的几个网格内,当温差较大、蒸发较为剧烈、气液两相间运动速度差值较大时,会使两相间双向耦合的源项较大,致使计算不容易收敛;而新提出的将液滴源项通过距离反比权重法加载在液滴周围的影响域内的方法,将源项较为分散地添加到影响域内的不同网格中,会使源项分布较为均匀,防止了单个网格内源项过大而其周围其他网格内源项为零造成的奇点现象,提高了数值计算的收敛性。

4.3.4 模型求解和验证

气相控制方程借助 FLUENT 16.0 进行求解,液滴相的运动和蒸发模型采用经典的 4 阶 Runge-Kutta 算法基于 C++自主编程求解,并通过 UDF 的源项接口加入到 FLUENT 中,进行气液双向耦合计算,考虑气液两相间的相互作用,液滴相对气相的作用基于质量、能量、动量、组分源项等通过编程添加,气相对液滴相的作用通过液滴定位搜索算法和液滴周围流场网格节点参数的插值方法得到。具体液滴定位搜索算法和插值方法参见 2.3 节中的加速算法。

有限空间内考虑影响域的液滴运动相变双向耦合模型的验证,将在第 5 章液滴运动相变双向耦合模型在安全壳喷淋系统的应用中,通过与基准实验对比进行验证。

4.4　本 章 小 结

本章提出了液滴蒸发的影响域的概念,考虑液滴周围局部参数以及两相间的相互耦合作用,建立了有限空间内液滴运动相变双向耦合模型,结合影响域尺寸提出了一种按照距离反比权重方法在影响域内加载两相作用源项的方法。

首先,通过研究液滴蒸发过程中流场参数的变化规律,并与水波涟漪衰减现象进行对比,指出液滴在一定条件的气相环境中蒸发时,应该存在一个液滴蒸发过程的影响区域,即影响域。影响域内,由于液滴的存在,液滴会不断蒸发并与流场换热,液滴周围流场参数变化较为剧烈,随着与液滴距离的增加,温度梯度、蒸汽组分、浓度梯度逐渐降低并趋于零。通过大量数值计算,分析了影响域的影响因素,包括温差空间尺寸、液滴半径、液滴蒸发时间、工作压力、空气湿度等,给出了一定适用范围内无量纲影响域半径的表达式,随着温差、液滴半径、蒸发时间的增加影响域半径增加,随着工作压力和空气湿度的增加影响域半径减小。

之后,结合影响域尺寸,考虑了液滴蒸发过程中其周围局部流场参数的实时变化,以及液滴对周围局部流场的影响,通过理论推导,建立了有限空间内考虑影响域的液滴运动相变双向耦合模型;结合影响域尺寸提出了一种按照距离反比权重方法在影响域内加载两相作用源项的方法,能够在一定程度上克服传统方法只将源项添加到单个网格内造成计算发散的问题,从而使计算更容易收敛。

第5章 多液滴运动相变双向耦合模型的应用

实际安全壳喷淋系统的运行过程较为复杂,蒸汽在安全壳内会不断产生,热量也会随之不断进入安全壳内,这其中包含着液滴和液膜蒸发、蒸汽冷凝、产氢除氢、放射性物质的产生与去除以及与安全壳壁面和液膜的换热等复杂的现象。因此,本章采用建立的多液滴运动相变双向耦合模型,进行安全壳喷淋性能研究,与喷淋基准实验进行对比,从而验证模型的正确性,并研究喷射液滴的半径、温度、喷嘴布置位置、喷淋流量等对安全壳喷淋性能的影响。

此外,为了拓展液滴运动相变双向耦合模型的应用工况范围,运用双向耦合模型研究内燃机燃油在喷雾过程中的液滴蒸发行为,并进行燃油在喷雾过程中的油滴蒸发半径变化、速度分布、浓度分布、空燃比等参数分析,进一步验证模型的适用性。

5.1 安全壳喷淋系统运行性能仿真

5.1.1 安全壳喷淋系统和 TOSQAN 介绍

安全壳喷淋系统是压水堆核电站中非常重要的专用安全设施,在核电站发生主蒸汽管道破裂或者失水事故时,通过直接喷淋或者再喷淋两种方式向安全壳空间内部喷洒添加化学药物的低温含硼水,通过喷洒出的液滴与安全壳内部的高温气体对流传热传质,降低安全壳内的温度和压力,同时降低安全壳内放射性物质和氢气的浓度,确保安全壳的完整性。

实际安全壳喷淋系统运行过程较为复杂,蒸汽会在安全壳内不断产生,热量随之不断进入安全壳内,喷淋系统的运行过程包含着液滴和液膜蒸发、蒸汽冷凝、产氢除氢、放射性物质的产生与去除以及与安全壳壁面和液膜的换热等复杂现象,液滴与混合气体之间冷凝、蒸发的机理还不是十分明确;另外,由于实际压水堆安全壳中布置着压力容器、稳压器、主泵、蒸汽发生器等大量的设备和组件,因此直接研究安全壳喷淋系统的性能非常困难,为此,本书中的研究借助 TOSQAN 喷淋冷凝基准实验[78]进行安全壳喷淋系统的性能研究和分析。

TOSQAN(TOnus Qualification ANalytique)喷淋冷凝基准实验[78],是法国核辐射防护和核安全研究院(IRSN)为了研究压水堆核电站在发生安全壳内主蒸汽管道破裂(MSLB)和冷却剂丧失事故(LOCA)等假想安全事故时的安全壳喷淋系统的性能而设计的较大型实验装置,可以用于研究液滴喷淋冷却降温降压、蒸汽喷射产生、蒸汽在壁面的冷凝等工况,模拟实际安全壳运行过程中的一系列喷淋、冷凝、降温、降压等现象,并且进行了一系列的实验和数值计算研究[72-78,95,96,173,212-216]。整体实验装置的结构尺寸为:体积约 7 m³,内径 1.5 m,总高度 4.8 m。其具体结构如图 5.1 所示,其中,顶部为喷嘴,即喷射液滴入口,喷射位置距离顶部 0.65 m;下部为蒸汽入口,蒸汽入口位置距离底部 2.1 m,喷射液滴入口和蒸汽入口的管嘴直径均为 0.41 m;底部为水槽,水槽高度 0.87 m,水槽内径 0.68 m;中上部容器侧面有一段高为 2 m 的环状冷凝区,其他位置为非冷凝区;在整个装置中布置超过 150 个热电偶测量温度,在实验过程中采用 LDV(laser doppler velocimetry)和 PIV(particle image velocimetry)方法测量液滴的速度,Raman 光谱用于测量蒸汽体积份额。

本书中的研究着重考虑液滴在具有一定湿度的热空气中的喷淋降温降压过程,为此选定的计算工况对应的实验工况为 TEST 101[72],实验工质为水和空气。实验过程如下:

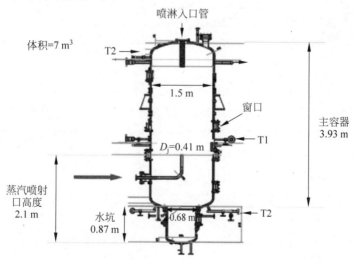

图 5.1　TOSQAN 喷淋实验装置结构尺寸

（1）在实验的前一天将实验容器加热到120℃；

（2）开始向温度为120℃、压力为0.1 MPa的密闭实验容器中注入蒸汽，直到压力增加到0.25 MPa；

（3）当压力增加到0.25 MPa时，停止注入蒸汽，达到预设的初始条件；

（4）在整个实验过程中，通过油浴对壁面温度进行控制，但是，当喷淋液滴碰撞到壁面时，壁面温度会发生一定的变化；

（5）在0 s时开始向实验容器中喷淋液滴，喷淋流量一定，喷淋水的温度除前1000 s外保持恒定；

（6）当喷淋液滴到达水槽之后立马被除去；

（7）当容器内的压力保持稳定时，停止实验。

实验过程中的具体喷射液滴和空气的参数如表5.1所示。

表 5.1　计算参数表

参　　数	计算参数值
$r/\mu m$	100
液滴初始速度 $V/(m/s)$	$10\sim20$
液滴温度 $T_d/℃$	$119.10\sim22.10(0\sim1000\ s)$ $22.10(>1000\ s)$
空气温度 $T_g/℃$	131
壁面温度 $T_w/℃$	131
工作压力 P/MPa	0.25
喷淋流量 $Q'/(g/s)$	29.96
水蒸气体积分数	59.10
喷射角/(°)	55

5.1.2　安全壳喷淋系统基准实验对比

根据上述实验装置结构图，本研究通过Solidworks软件分别绘制了三维几何模型和二维轴对称几何模型（见图5.2），由于采用三维几何模型绘制的网格数量较大，计算耗时很长，且对于瞬态计算耗时更长，为此在实际的计算中，采用二维轴对称几何模型进行计算。

由于实验中喷嘴出口喷淋的液滴几乎分布在整个55°锥角范围内，因此在计算过程中液滴的喷射角度分布采用辐射状分布，此时液滴的分布较为均匀，液滴喷射初始速度均为10 m/s，通过喷射液滴位置分组的无关性验证，选定的喷射液滴组数为20组，具体分布如图5.3所示。

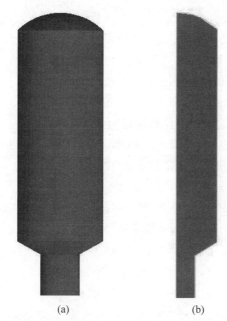

(a)　　　　　　　　(b)

图 5.2　三维几何模型和二维轴对称几何模型

(a) 三维模型；(b) 二维轴对称模型

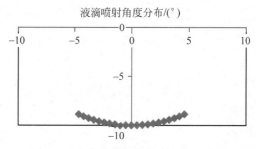

图 5.3　液滴喷射角度分布和位置分组

采用欧拉-拉格朗日方法进行气相-液滴相的弥散液滴两相流动和传热传质计算，借助 FLUENT 软件计算气相控制方程，采用 UDF 编写的程序添加到 FLUENT 软件中计算液滴相的运动、相变过程，为此需要分别设定气相边界条件和液滴相边界条件。在计算中具体的边界条件设置如下，中心的对称轴边界条件设置为 axisymmetric，容器的其他侧壁面对于气相设置为壁面边界条件，温度根据实验参数给定并保持恒定，液滴撞击到壁面上之后形成液膜，但是不产生液滴飞溅，且考虑液膜与壁面之间的换热和液膜的蒸发；底部水槽的边界条件，对于气相为壁面边界条件，对于液滴相为出口边界条件,即由于水封的作用,气相不能通过水槽流出,但是由于水槽疏水的作用,液滴可以进入水槽,考虑水槽中水面的蒸发以及水槽与流体的换热。具体的边界条件设置如图 5.4 所示。

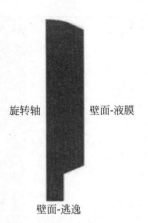

对于气相和液滴相的双向耦合,气相对液滴相的影响通过液滴定位搜索和插值算法获取液滴周围的流场信息,并用于液滴相的运动、相变方程的计算,液滴相对气相的影响通过添加质量源、动量源和能量源的方式、根据距离平方反比算法加载到液滴周围的影响域内,实现两相间的耦合。根据网格无关性验证,选定最终的几何模型的网格量为 28 222,通过时间步长的无关性验

图 5.4   边界条件设置

证,选定气相流场的时间步长为 0.01 s,液滴相的时间步长为 $10^{-6} \sim 10^{-5}$ s,液滴相的具体时间步长与液滴的尺寸有关,液滴半径越小时间步长也应该相应减小,液滴半径越大时间步长可以适当增大,计算过程中在每个气相流场的计算时间步内,迭代求解液滴的运动相变方程,并更新质量源、动量源和能量源。

计算得到喷淋过程中的温度、压力以及水蒸气的质量分数随时间的变化曲线如图 5.5 所示。在计算过程中认为喷淋容器内平均压力的变化速率

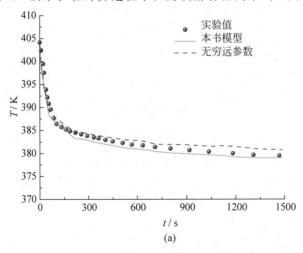

(a)

图 5.5   喷淋容器中平均参数变化计算值与实验值对比[72,78]
(a)温度;(b)压力;(c)水蒸气的质量分数

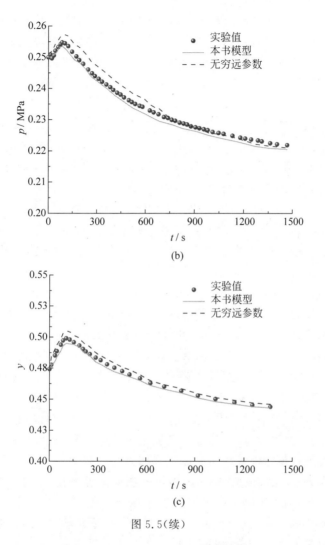

图 5.5(续)

小于 10 Pa/s 时达到稳定喷淋状态,由于在喷淋后期平均温度变化较小,因此,在此没有采用平均温度的变化速率作为稳定判据。从图 5.5 中可以看到,随着喷淋过程的进行,容器内的平均温度在开始一段时间内快速降低,之后变化逐渐减缓,并逐渐趋于平稳;压力和水蒸气质量分数在开始一段时间内快速升高,之后逐渐降低并趋于稳定。主要是由于液滴温度低于环境中的热空气的温度,因此随着喷淋过程的进行空气温度不断降低,尤其在喷淋开始阶段的一段时间内,由于热空气和冷液滴之间的温差较大,换热较为剧烈,且液滴初始温度较高导致液滴快速蒸发,空气温度快速降低。在喷淋开始一段时间内,由于大量液滴喷入容器中,热空气和冷液滴之间的温差较大,液滴温度快速升高,并且液滴表面水蒸气质量分数与空气中的水蒸气质量分数差值较大,造成液滴快速蒸发,致使水蒸气的质量分数快速增加,相应的压力也随之增加;之后随着喷淋过程的进行,空气温度不断降低,环境压力也相应降低,并且,当温度较高的热空气遇到温度较低的液滴时,空气中的水蒸气会发生冷凝,使得水蒸气逐渐减少,压力也相应降低;随着时间的推进,液滴与周围空气之间的温差、浓度差逐渐减小,温度、压力和水蒸气质量分数变化越来越缓慢,直至趋于稳定状态。

另外,图 5.5 中的 3 条曲线自上而下分别为 Malet 和 Porcheron 等[72,78]进行的喷淋基准实验的结果、本书第 4 章中建立的有限空间内考虑影响域的液滴运动相变双向耦合模型的计算结果、采用无穷远参数时的计算结果,从图 5.5 中可以看到本书的计算结果与实验结果符合较好,相对误差在 ±15% 以内,说明本研究中建立的有限空间内考虑影响域的液滴运动相变双向耦合模型准确,可以应用到安全壳喷淋系统中进行安全壳喷淋系统初步分析和模拟仿真,为安全壳喷淋系统的设计提供依据。其中计算值和实验值之间存在误差的主要原因有:①虽然基准实验中测量得到的喷淋液滴初始半径为 100 μm,但是实际喷淋过程中液滴半径有一定的分布,会对喷淋仿真计算结果产生较大影响;②在实验中喷射液滴是通过喷嘴喷射得到的,喷嘴在喷出液滴过程中会雾化产生一定量的水蒸气,液滴的速度也会有一定的分布,对温度、压力和水蒸气质量分数产生影响,而在计算过程中液滴产生是通过设定液滴的喷射位置和初始速度来实现的,会与实验结果存在一定误差;③实验过程中喷淋容器外围采用温度较为恒定的油浴加热,容器底部为水槽,水槽中的水不断移除,而计算过程中设为定壁温加热,没有考虑水槽的影响,也会带来一定误差;④喷淋容器中有液滴喷嘴和蒸汽入口管线等元件,也会对结果产生影响。

另外,图 5.5(a)~(c)中显示采用无穷远参数方法计算得到的容器中的平均温度、压力和水蒸气质量分数要大于本书所采用的模型计算得到的结果,这主要是由于采用无穷远参数时,认为所有位置处液滴周围的空气温度、压力和水蒸气质量分数相同,为流场的平均参数,忽略了局部参数的影响;而本书所采用的模型中液滴周围的空气参数为其周围的局部参数,液滴周围局部的空气温度会由于低温液滴的冷却作用而低于流场的平均温度,局部的水蒸气质量分数由于液滴的蒸发会大于流场的平均值。因此,采用无穷远参数进行计算的过程中,液滴与周围流场中的水蒸气的浓度差较大,蒸发速率较快,液滴蒸发产生的水蒸气较多,致使水蒸气质量分数较高,且由于流场的整体温度比局部温度要高,导致液滴和其周围流场的温度较高。综合表现为采用无穷远参数方法得到的容器中的平均温度、压力和水蒸气质量分数偏高。采用本书建立的模型,能更加准确地捕捉多液滴运动相变过程中的液滴和流场参数变化细节,获得局部参数对两相相间作用的影响,计算结果更为准确。

通过数据处理得到的喷淋过程中液滴直径分布云图和液滴运动轨迹分布图分别如图 5.6 和图 5.7 所示。从图 5.6 中可以看到在喷淋过程中液滴直径逐渐减小,并且在开始一段时间内液滴直径变化较缓慢(喷淋容器上部),随着液滴不断向下运动,液滴直径减小,速率越来越快,这主要是由于对于直径较大的液滴升温速率慢且蒸发速率较慢,尺寸变化较小液滴缓慢,但是在整个喷淋过程中液滴并没有完全蒸干,即可以保证整个喷淋过程中全部轴向空间中都存在液滴,避免局部过热或者在有氢气存在时防止出现局部氢气过度聚集的现象。从液滴运动轨迹图 5.7 中可以看到,直径较大的液滴几乎沿着喷射方向呈直线运动,随着液滴蒸发过程的进行,液滴直径

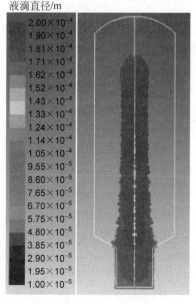

图 5.6　液滴直径分布云图

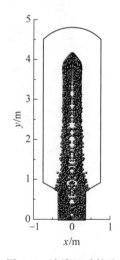

图 5.7　液滴运动轨迹

逐渐减小,液滴在径向方向有一定的展宽,表现为一定的扩散效应。这主要是由于大液滴自身惯性较大,运动方向不容易改变,而小液滴在运动过程中受流动曳力以及湍流脉动的作用更大,会被空气流携带运动,并且会在湍流脉动作用下向四周扩展。另外,可以看到,液滴的运动轨迹主要是围绕喷射位置附近分布的,因此在实际的安全壳喷淋系统的设计中,需要在径向方向设置多组喷嘴,以保证安全壳中的全部空间内都能有温度较低的喷淋液滴覆盖,避免因局部过热而导致安全壳失效。需要指出的是,图中的中轴线上液滴数量较少,这主要是由于采用二维轴对称模型进行喷淋过程计算,在初始设定喷淋液滴的喷嘴位置时,为了防止中轴线位置附近液滴的重复计算,没有设定在中轴线上的喷射液滴。

　　通过数据处理得到的喷淋过程中空气温度场分布云图和液滴温度分布云图分别如图 5.8 和图 5.9 所示。从空气温度云图中可以看到,随着时间的推进,首先是喷射位置处的空气温度逐渐降低,之后由于液滴沿着轴向逐渐向下运动,其他位置处的空气温度也逐渐降低,直至趋于平稳;液滴喷射位置周围的温度较低,呈现出了一定的局部过冷现象;整个过程中,喷淋容器顶部的温度均高于下部的温度,这主要是由于空气热分层和喷淋液滴不经过喷淋容器顶部造成的。另外,可以看到,液滴经过的位置周围温度较低,

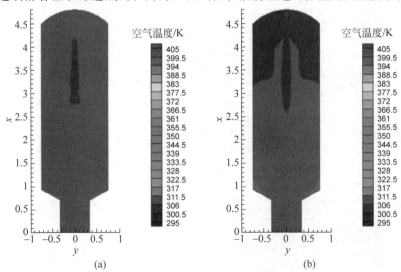

图 5.8　空气温度场分布云图(见文后彩图)

(a) 1 s; (b) 10 s; (c) 100 s; (d) 500 s; (e) 800 s; (f) 1000 s; (g) 1200 s;
(h) 1300 s; (i) 1400 s; (j) 1500 s

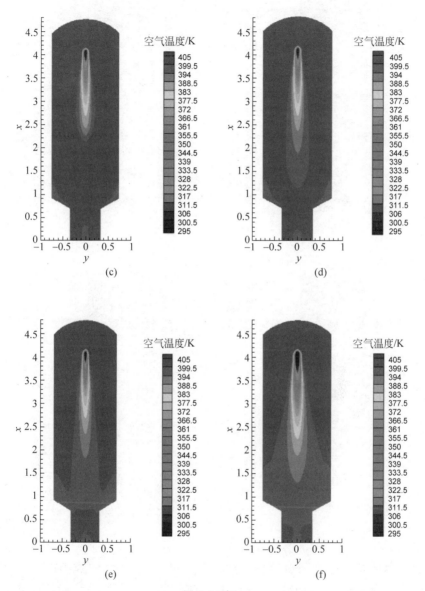

图 5.8(续)

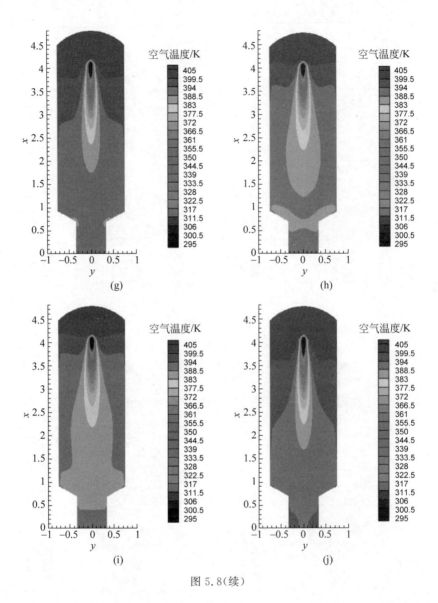

图 5.8(续)

这主要是因为液滴与周围局部的空气换热引起的,而本研究提出的有限空间内考虑影响域的液滴运动相变双向耦合模型可以较好地实时捕捉液滴周围空气流场和温度场的局部变化,这也是本书所采用模型的优势所在。从液滴温度分布云图(见图 5.9)中可以看到,液滴在距离喷射位置开始的一段较短的距离内温度快速增加,直至达到较为稳定的温度,并不断蒸发,这一分布总体与图 5.6 和图 5.7 中的液滴直径云图和液滴运动轨迹吻合。液滴在沿着轴向不断向下运动的过程中,一方面由于自身温度较低,另一方面由于蒸发吸热,会冷却周围的空气,导致液滴周围的空气温度降低。

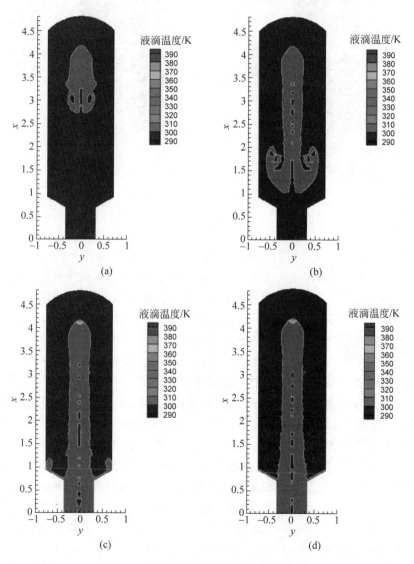

图 5.9　液滴温度分布云图(见文后彩图)

(a) 1 s；(b) 10 s；(c) 100 s；(d) 200 s；(e) 1000 s；(f) 1500 s

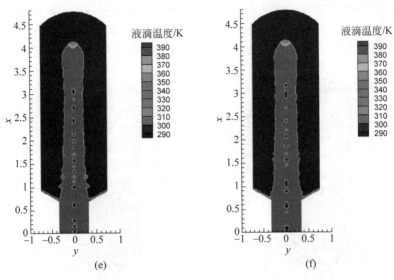

图 5.9(续)

　　计算得到的喷淋过程中不同时刻的液滴蒸发和冷凝速率云图如图 5.10 所示。其中,数值为正代表蒸发,数值为负代表冷凝。从图中可以看到液滴蒸发和冷凝速率云图与液滴温度分布云图的位置一致,均表征了液滴运动轨迹分布。在喷淋开始的前 100 s 内主要以液滴蒸发为主(见图 5.10(a)～(c)),之后液滴冷凝逐渐占主导,导致喷淋容器内的水蒸气质量分数逐渐减小,这与图 5.5 中的水蒸气质量分数随时间的变化曲线的规律一致。这是由于在喷淋开始的一段时间内,液滴还未完全充满整个运动空间,液滴周围的空气温度较高,水蒸气的浓度较低,液滴与周围空气间的温度差和浓度差较大,液滴快速蒸发;随着喷淋过程的进行,液滴附近空气温度逐渐降低,会使周围的水蒸气遇冷冷凝,最终达到一个相对稳定的状态。

　　为了更加清楚地了解喷淋容器内不同位置处的空气温度和水蒸气浓度分布,进而确定空气温度和水蒸气浓度较高的位置,以便采取相应的措施进行预防,通过整理得到了喷淋容器高度方向中心线上的空气温度和水蒸气质量分数沿径向的分布曲线,如图 5.11 和图 5.12 所示,从图中可以看到温度和水蒸气质量分数沿径向的变化呈现相反的趋势,空气温度在靠近中轴线附近较低,而水蒸气质量分数在中轴线附近较高,这主要是由于液滴主要集中在中轴线周围,会冷却其周围的空气,并会不断蒸发导致水蒸气浓度增加。图 5.11 显示,在喷淋过程的前 500 s,空气温度沿径向分布的规律变化

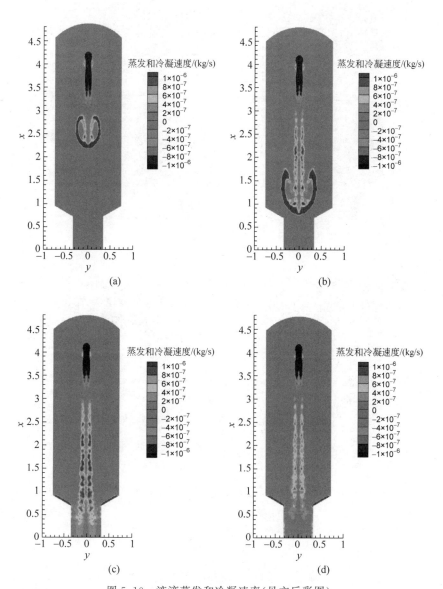

图 5.10　液滴蒸发和冷凝速率(见文后彩图)

(a) 1 s；(b) 10 s；(c) 100 s；(d) 500 s；(e) 800 s；(f) 1000 s；(g) 1200 s；(h) 1500 s

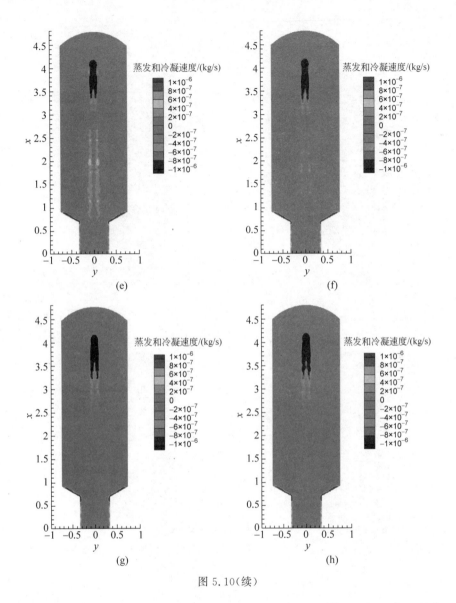

图 5.10(续)

较为剧烈,在 800 s 之后分布规律几乎不变,靠近壁面位置处由于壁面的加热作用,导致壁面附近空气温度较高,靠近中轴线附近的温度最低,远离中轴线位置处温度变化较为平缓;在 100 s 之前,由于空气的导热较慢,温度的传播还没有扩展到整个径向空间(如图 5.11 中 1 s、10 s、100 s 曲线);其中,500 s 时刻的温度曲线沿径向波动较大,主要是由于液滴沿中轴线喷射

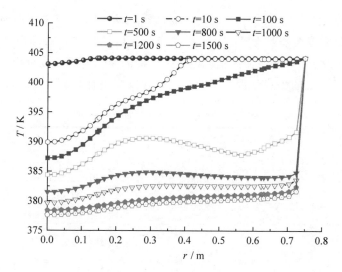

图 5.11　气相温度沿径向分布

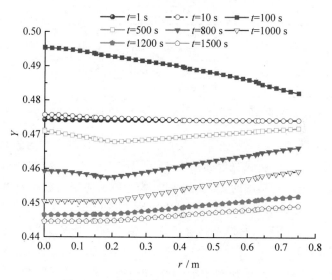

图 5.12　水蒸气质量分数 Y 沿径向分布

的过程中会给空气一定的作用力,在喷淋容器内形成一定的漩流,造成空气的搅混,增强换热。

5.1.3　喷淋参数对喷淋性能的影响分析

为了了解喷淋液滴半径、喷淋流量以及喷射位置对喷淋性能的影响,在一定程度上为实际喷淋过程提供依据,进行了不同工况条件下的喷淋计算,并进行喷淋参数特性分析,喷淋参数特性分析的具体参数如表 5.2 所示。由于篇幅所限,在此较为详细地进行喷射液滴半径的影响分析,对于喷淋流量和喷射位置的影响分析主要给出喷射参数变化时的温度对比曲线。

表 5.2　喷淋参数特性分析计算工况

工况编号	具体编号	参数	计算参数值
1	$R1$、$R2$、$\boldsymbol{R3}$、$R4$	$r_0/\mu m$	50、65、$\boldsymbol{100}$、200
2	$Q1$、$Q2$、$Q3$、$\boldsymbol{Q4}$、$Q5$	喷淋流量 $Q'/(g/s)$	1、10、20、$\boldsymbol{29.96}$、50
3	$\boldsymbol{X1}$、$X2$、$X3$、$X4$	喷射位置径向分布	$\boldsymbol{-0.02\sim0.02}$、$-0.05\sim0.05$、$-0.1\sim0.1$、$-0.2\sim0.2$
		液滴初始速度 $\boldsymbol{V}/(m/s)$	$\boldsymbol{10}$
		液滴温度 $T_d/℃$	$\boldsymbol{119.1\sim22.1(0\sim1000\ s)}$ $\boldsymbol{22.1(>1000\ s)}$
		空气温度 $T_g/℃$	$\boldsymbol{131}$
		壁面温度 $T_w/℃$	$\boldsymbol{131}$
		工作压力 p/MPa	$\boldsymbol{0.25}$
		水蒸气体积分数	$\boldsymbol{59.1}$
		喷射角/(°)	$\boldsymbol{55}$

注:表中标记为加粗的工况为表 5.1 中的工况,在此列出以作为对比。

　　计算得到的不同喷射液滴初始半径条件下的喷淋容器内的空气平均温度和平均压力变化曲线分别如图 5.13 和图 5.14 所示,从图中可以看出当喷射液滴初始半径不同时,空气的平均温度和平均压力数值总体差别不是很大,但是变化趋势却截然不同,对比初始半径 50 μm 和 200 μm 两种工况条件(工况 $R1$ 和工况 $R4$)下的空气平均温度和平均压力的变化曲线可以看到,在喷淋开始的一段时间内(约前 500 s),初始半径 50 μm 工况条件下的空气平均温要低于初始半径 200 μm 的工况条件下的数值,之后初始半径 200 μm 工况条件下的空气平均温要低于初始半径 50 μm 的工况条件下的数值,而水蒸气质量分数的变化趋势正好相反,这主要是由于在其他条件相同时,半径较小的液滴蒸发较快,蒸发吸热较多,蒸发出的蒸汽较多,致使在开始一段时间内工况 $R1$ 的空气平均温度较低,但是随着喷淋过程的进行,半径较小的液滴温度升高更快,与空气的温差较小,且更容易受到周围空气流场的影响,运动速度较慢,且主要集中于喷淋容器上部,致使液

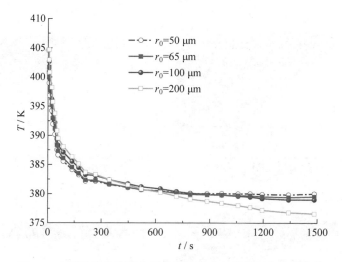

图 5.13　不同喷射液滴半径条件下的空气平均温度变化曲线

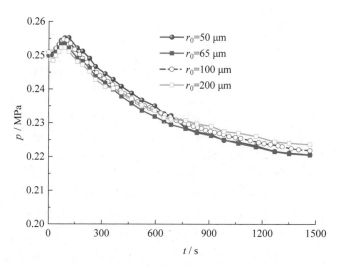

图 5.14　不同喷射液滴半径条件下的空气平均压力变化曲线

滴与空气之间的传热传质减弱,空气的整体平均温度较高;而半径较大的液滴温度升高较慢,温度较低,惯性较大,运动轨迹不容易改变,能够在很长一段时间内保持较高的运动速度,可以起到较好的降温效果。

通过统计还得到了 30 s 内不同喷射液滴初始半径条件下的液滴无量纲半径随时间的变化规律分布图,如图 5.15 所示,可以看到随着液滴初始半径的增加,无量纲液滴半径变化越来越小,即液滴半径变化百分比逐渐减

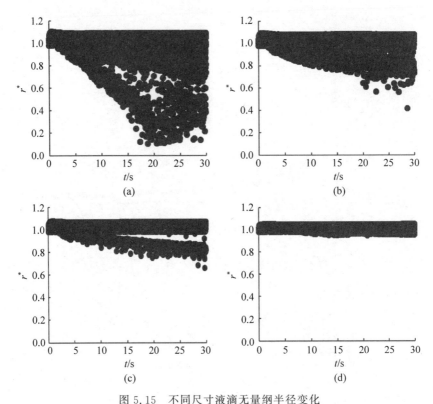

图 5.15　不同尺寸液滴无量纲半径变化

(a) $r_0 = 50\ \mu m$；(b) $r_0 = 65\ \mu m$；(c) $r_0 = 100\ \mu m$；(d) $r_0 = 200\ \mu m$

小,其中,初始半径为 50 μm 工况条件(工况 R1)下,有一部分液滴会完全蒸干,这与图 5.13 中不同喷射液滴半径条件下的喷淋容器内的空气平均温度变化规律吻合。主要是由于半径较小的液滴温度升高越快,蒸发也越快,生命周期随之缩短,相对其较小的初始半径液滴半径变化百分比增加,而半径较大的液滴需要更长的蒸发时间。实际喷淋过程中,喷淋液滴的半径不能太小,在整个喷淋液滴运动过程中要保证液滴不能完全蒸干,液滴半径太小,会聚集到喷淋容器上方或者悬浮在安全壳中,并且如果液滴完全蒸干,在喷淋容器的下部区域内可能会由于喷淋液滴无法到达而造成局部过热现象,威胁安全壳的完整性;但是喷淋液滴的半径也不能太大,喷淋液滴过大,会使液滴蒸发减慢,可能会造成安全壳内氢气浓度过高。因此在实际安全壳喷淋的设计中需要根据设计的参数条件选择合适的喷嘴,以便喷淋产生大小合适的喷淋液滴。

　　计算得到的不同喷淋流量和不同喷射位置径向分布条件下的喷淋容器内的空气平均温度随时间变化曲线分别如图 5.16 和图 5.17 所示,从图 5.16 中可以看到,随着喷淋流量的增加,喷淋容器内的平均温度也相应降低,这主要是由于喷淋流量增大,温度较低的液滴与周围的热空气换热面积增大,可以带走更多的热量。如图 5.17 所示,随着喷射位置展宽,喷射液滴可以更均匀地分布在喷淋容器中的径向范围内,与周围空气充分换热,降低周围空气的温度。因此,在实际安全壳喷淋系统的设计中,应该在条件允许的情况下适当增大喷淋流量,沿着安全壳的径向方向安装多组喷嘴,以确保在发生事故时安全壳内的温度和压力能快速降低。

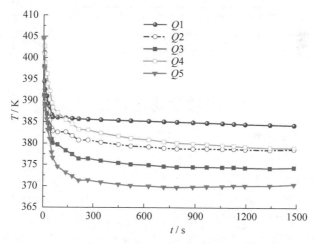

图 5.16　不同喷淋流量条件下的空气平均温度变化曲线

　　从上述多液滴运动相变双向耦合模型在安全壳喷淋系统中的应用可以看到,采用建立的考虑液滴对周围局部参数的影响以及局部参数对液滴的影响的双向耦合模型,能够揭示液滴蒸发过程中其周围一定范围内气相的瞬态变化规律,更好地展现液滴蒸发过程中局部参数变化对双向耦合作用的瞬时影响,能够捕捉更为精细的两相耦合作用行为。并且,采用建立的多液滴运动相变双向耦合模型,可以更为全面地展示大量液滴同时运动相变过程中相互影响的细节,获得大量液滴实时的尺寸、速度、温度等参数以及气相的温度、浓度、速度场等的瞬态变化;对于揭示两相间的双向耦合作用具有重要意义,对于安全壳喷淋等涉及大量液滴运动相变过程的更为精确的模拟仿真具有一定的实用价值,可以用于预测气液运动相变过程和行为,指导实际工程设计。

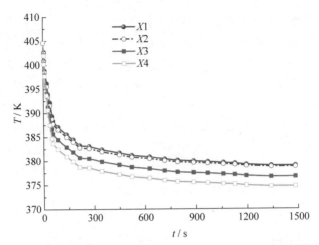

图 5.17　不同喷射位置径向分布条件下的空气平均温度变化曲线

5.2　燃油喷雾蒸发过程模拟

本书中建立的模型为有限空间内考虑影响域的液滴运动相变双向耦合模型,主要关注液滴在气相流场中不断运动相变过程中液滴和气相间的相互耦合作用,一方面气相会通过流动曳力、马格努斯力、萨夫曼升力等携带液滴运动,并对液滴进行加热或者冷却;另一方面,运动的液滴会对气相流场产生反作用力,与气相流场之间进行传热传质,液滴和气相会发生较为强烈的相互作用,影响装置的传热传质性能,尤其对于大量液滴喷淋、喷雾的工况,这一相间耦合作用会更剧烈。为了验证模型的适用性,将模型的应用范围进行拓展,应用到内燃机中进行燃油的喷雾、雾化和液滴蒸发过程模拟,并进行定性分析,确保模型的普适性。

对于这部分的模拟,主要进行燃油喷雾蒸发过程中燃油的运动轨迹、雾化蒸发特性分析以及气相流场的温度、流场分布等参数分析,相应的计算工况参考大连理工大学周磊等[217,218]和江苏大学曹晓辉等[219]的研究工况,模拟十四烷油滴在定容弹中的喷雾蒸发过程,其中定容弹的高度 8 cm,直径 2 cm,喷嘴的直径为 0.2 cm,位于定容弹顶部,定容弹的结构如图 5.18 所示。由于本研究主要关心液滴在运动过程中的蒸发行为,因此,为了简化模拟过程,忽略了燃油从高压喷嘴喷出形成细小液滴的过程,通过给定油滴的初始喷射位置、喷射速度和半径以进行相应的模拟。定容弹内的气体为氮气,环境压力为 1.7 MPa,环境温度为 900 K,氮气密度为 20 kg/m³;油滴为十四

图 5.18　定容弹三维几何模型和二维轴对称几何模型

(a) 三维模型；(b) 二维轴对称模型

烷,密度为 818 kg/m³,喷射油滴初始半径为 20 μm、30 μm、50 μm 三种,喷射油滴初始温度分别为 600 K、700 K,初始速度为 70 m/s,喷射油滴的质量流量为 1 g/s,喷雾锥角为 12°,计算方法与本书 5.1 节中采用的方法相同,采用图 5.18 中的二维轴对称模型进行计算,中轴线为对称轴边界条件 axisymmetric,其他边界均为定壁温的壁面边界条件,壁温设定为 900 K,计算时间步长为 2×10^{-7} s,模拟燃油液滴喷雾蒸发时间为 2 ms。具体计算参数见表 5.3。需要指出,由于燃油液滴喷射和雾化时间非常短,实际喷油雾化过程中可以近似认为壁面为绝热边界条件,因此壁面传热对油滴雾化影响可以忽略。

计算过程中的具体喷射油滴的温度、速度计算工况参数如表 5.3 所示。

表 5.3　燃油喷雾蒸发计算参数

工况编号 No	r/μm	液滴温度 T_d/K	液滴初始速度 V/(m/s)
1	50	600	70
2	50	700	70
3	30	600	70
4	30	700	70
5	20	600	70
6	20	700	70

通过数据处理得到的喷淋过程中气相温度场分布云图和油滴温度分布云图分别如图 5.19 和图 5.20 所示,由于篇幅所限,在此只给出了工况 1 和工况 3 条件下的计算结果。本书的计算结果与周磊等[217,218]和曹晓辉等[219]的研究结果一致性较好,说明了模型和模拟的正确性。从气相温度云图中可以看到,空气和油滴的温度变化规律与 5.1.2 节指出的安全壳喷淋过程中的规律具有一定的相似性,在运动的油滴附近气相温度较低,远离油滴的位置温度几乎不变;随着时间的进行,首先是喷射位置处的气相温度逐渐降低,之后由于液滴沿着轴向逐渐向下运动,其他位置处的空气温度也逐渐降低,直至趋于平稳;液滴喷射位置周围的温度较低,呈现出了一定的局部过冷现象,本研究中提出的有限空间内考虑影响域的液滴运动相变双向耦合模型可以较好地实时捕捉液滴周围空气流场和温度场的局部变化,这也是本书模型的优势所在;由于油滴喷雾雾化时间较短,温度还来不及向整个流场传播;油滴在 1.5 ms 之后,贯穿距离几乎不再增加,这主要是由于液滴此时已经完全蒸干;对比工况 1(油滴初始半径 50 μm)和工况 3(油滴初始半径 30 μm)可以看到,其他条件相同时,当油滴初始半径减小时,

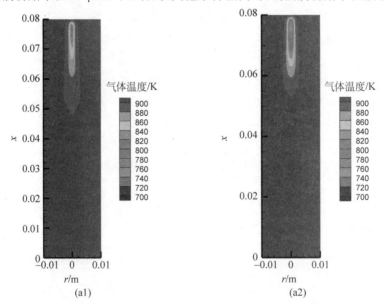

图 5.19　气相温度场分布云图(工况 1 和工况 3,见文后彩图)

标号为"1"即左侧一栏为工况 1 的结果,标号为"2"即右侧一栏为工况 3 的结果,下同

(a1) 0.5 ms; (a2) 0.5 ms; (b1) 1 ms; (b2) 1 ms; (c1) 1.5 ms; (c2) 1.5 ms;

(d1) 2 ms; (d2) 2 ms

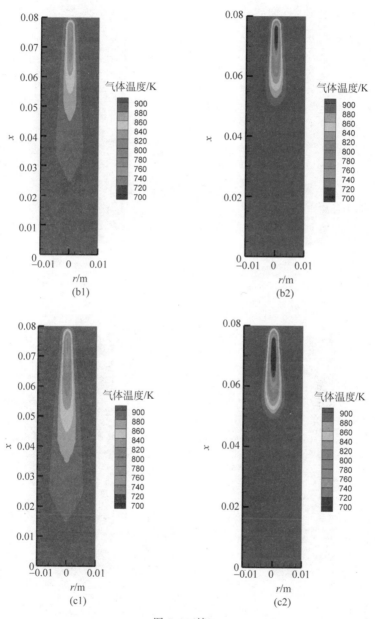

图 5.19(续)

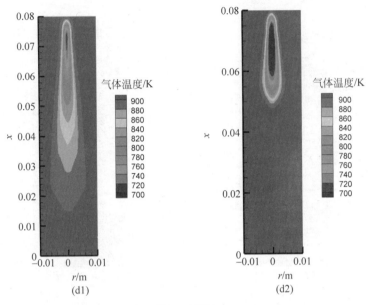

图 5.19(续)

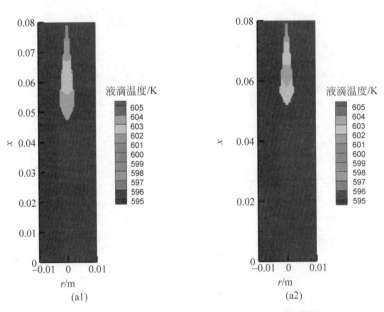

图 5.20　油滴温度云图(工况 1、工况 3,见文后彩图)

(a1) 0.5 ms;(a2) 0.5 ms;(b1) 1 ms;(b2) 1 ms;(c1) 1.5 ms;

(c2) 1.5 ms;(d1) 2 ms;(d2) 2 ms

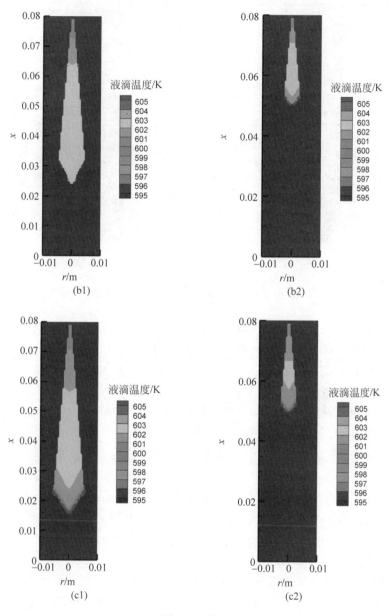

图 5.20(续)

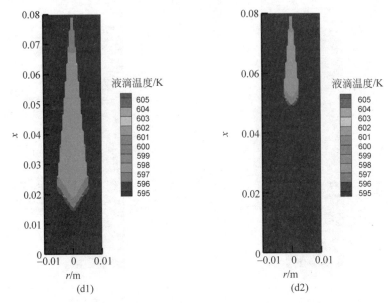

图 5.20(续)

油滴的贯穿距离也随之大幅度减小,且油滴周围的气相温度更低,这是由于半径较小的油滴蒸发更快、吸热量更多、在很短的时间内便会完全蒸发。从图 5.9 中液滴温度分布云图可以看到,液滴在定容弹内喷雾蒸发不断向下的过程中,在距离喷射入口的一段距离内温度会有一定的增加,之后温度基本不变,保持较稳定的平衡蒸发温度持续蒸发,液滴半径不断减小,在液滴半径减小到一定数值之后温度会有所增加,直到完全蒸干。

　　计算得到的喷淋过程中不同时刻的油滴蒸发的质量速率云图如图 5.21 所示。与安全壳喷淋系统中水滴既有蒸发又伴随着冷凝现象的过程不同,油滴在定容弹内喷雾雾化的过程中只会持续蒸发,直到完全蒸干。从图中可以看到油滴蒸发云图与液滴温度分布云图的位置一致,均表征了液滴运动轨迹分布。在油滴喷射入口位置处蒸发速率最快,沿着轴向方向向下蒸发速率逐渐降低,一方面是由于油滴在喷射入口位置处速度最大,与气相之间的对流传热传质作用最强;另一方面,随着蒸发过程的进行,油滴不断蒸发,沿轴向向下运动的油滴不断减小,致使总体蒸发速率降低。对比工况 1(油滴初始半径 50 μm)和工况 3(油滴初始半径 30 μm)可以看到,工况 3 中油滴的蒸发速率更快,需要吸收更多的热量,在很短的一段距离内便完全蒸发,这与图 5.19 和图 5.20 中的温度云图结果一致。

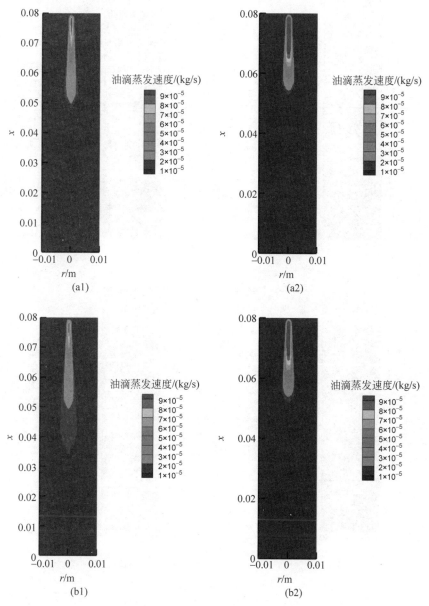

图 5.21　油滴蒸发速率云图(工况 1、工况 3,见文后彩图)

(a1) 0.5 ms;(a2) 0.5 ms;(b1) 1 ms;(b2) 1 ms;(c1) 1.5 ms;

(c2) 1.5 ms;(d1) 2 ms;(d2) 2 ms

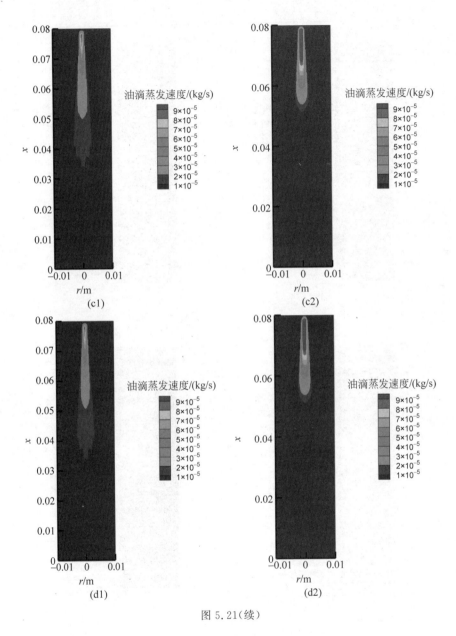

图 5.21(续)

　　通过数据处理得到的燃油喷雾蒸发过程中油滴速度云图如图 5.22 所示。从图中可以看到油滴从喷射入口喷出在定容弹内运动的过程中,速度不断减小,直至减小为 0,有一定的贯穿距离,随着时间的进行贯穿距离逐渐趋于稳定；油滴的径向速度分布呈现中间大两端小的状态；半径较大的液滴惯性更大，更不容易受流场的影响，贯穿距离更长，可以扩展到定容弹中更大的范围内。

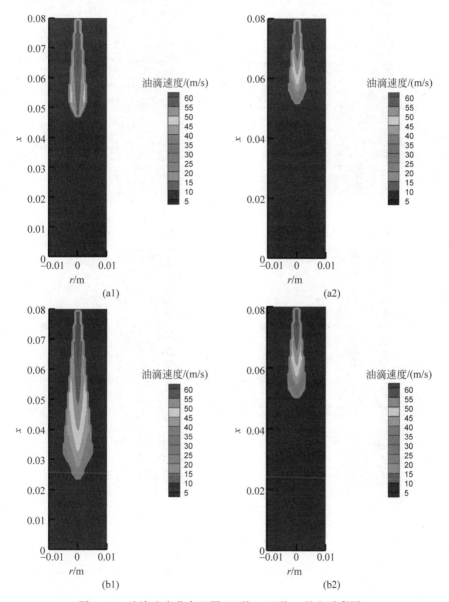

图 5.22　油滴速度分布云图（工况 1、工况 3，见文后彩图）

(a1) 0.5 ms；(a2) 0.5 ms；(b1) 1 ms；(b2) 1 ms；(c1) 1.5 ms；(c2) 1.5 ms；(d1) 2 ms；(d2) 2 ms

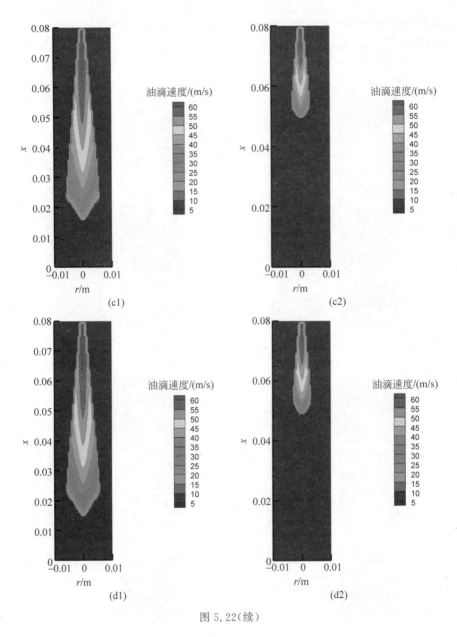

图 5.22(续)

　　通过统计还得到了不同工况条件下的油滴无量纲半径随时间的变化规律分布图,如图 5.23 所示,可以看到随着油滴初始温度的增加和初始半径的减小,油滴蒸发速率加快,寿命大大缩短,这也解释了为什么随着油滴半

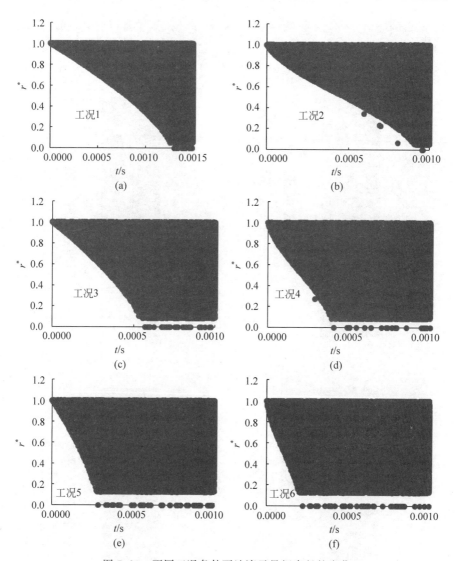

图 5.23　不同工况条件下油滴无量纲半径的变化

径减小,油滴周围的气相温度会降低,并且贯穿距离也会随之减小。图中随着液滴蒸发过程的进行,液滴半径逐渐较小,在下降到一定数值之后直接阶跃变为零,这是因为计算过程中设定了终止液滴蒸发过程的截断液滴半径为 2.5 μm。

在内燃机中的油滴喷雾雾化燃烧过程中,着重关注空气和燃油蒸汽的混合情况和燃油蒸汽的分布情况。为此,给出了油滴在喷雾蒸发过程中的十四烷蒸汽的质量分数分布云图,如图 5.24 所示。从图中可以看到,随着油滴喷射过程的进行,油滴不断蒸发,十四烷蒸汽的质量分数逐渐增加,径向方向上中轴线附近的蒸汽质量分数最大,中轴线四周向外质量分数逐渐减小;沿轴

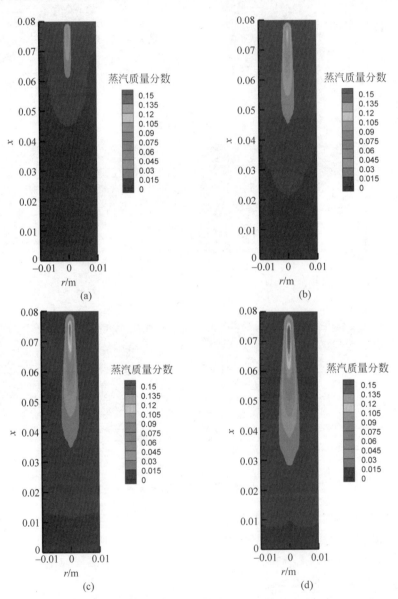

图 5.24　十四烷油滴蒸汽质量分数云图(工况 1,见文后彩图)

(a) 0.5 ms; (b) 1 ms; (c) 1.5 ms; (d) 2 ms

向方向,在喷射位置附近蒸汽质量分数最大,越向下方蒸汽质量分数逐渐减小,这主要是由于油滴竖直向下运动过程中不断蒸发,大多数液滴在一段较短的距离内运动的过程中便会完全蒸干,能运动到定容弹下部的液滴较少。

图 5.24 中为蒸汽质量分数的分布情况,但是在实际的工程中更加关心空燃比的分布变化。空燃比定义为,燃油蒸汽和空气的混合气体中,空气的质量和燃油蒸汽的质量之比,对于柴油燃料最佳空燃比一般为 14.3。需要指出的是由于在本书的定容弹中,燃油液滴喷雾过程的计算采用氮气替代空气作为气体介质,所以在计算空燃比时,认为是氮气质量和十四烷燃油蒸汽的质量之比。为此,通过数据的二次处理,给出了油滴在喷雾蒸发过程中的空燃比的分布云图,如图 5.25 所示。

从图 5.25 中可以看到,随着时间增长,局部最大的空燃比逐渐减小,在 0.5 ms 时刻,局部最小的空燃比可以达到 13.35;在 2 ms 时刻,由于喷射的油滴增多,油滴蒸发量增加,十四烷蒸汽质量增加,局部最小的空燃比只有 5.14;距离中轴线和喷射位置越远的位置,由于十四烷蒸汽较小,空燃比相应越大。也就是说在距离喷射位置处一定距离内的空燃比才能达到较好的比例,油滴进行燃烧,这与“实际的油滴喷雾燃烧过程中燃烧火焰面是在

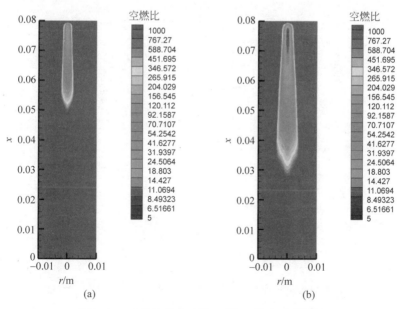

图 5.25　空燃比分布云图(工况 1,见文后彩图)

(a) 0.5 ms; (b) 1 ms; (c) 1.5 ms; (d) 2 ms

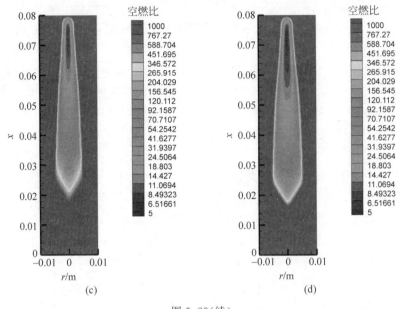

(c)　　　　　　　　　　　　　　　　(d)

图 5.25(续)

距离喷射油滴一定距离的位置处"的结果较为吻合[220]。为了了解燃油油滴的蒸汽在整个定容弹内随时间的变化情况,通过统计计算得到了定容弹内空燃比随喷射时间的变化曲线,如图 5.26 所示。

从图 5.26 中可以看到,随着燃油喷雾过程的进行,燃油质量逐渐增加,

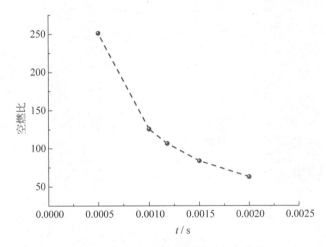

图 5.26　空燃比随喷射时间的变化曲线

油滴快速蒸发,十四烷蒸汽质量也相应快速增加,定容弹内氮气质量不变,导致空燃比快速降低。需要指出的是,由于在本书模拟的工况中,燃油的喷射质量流量较小,因此相应的空燃比还未达到最佳空燃比,要想达到实际燃油喷雾过程中的最佳空燃比,可以增大喷射燃油的质量流量,增加到原来流量的 4~5 倍即可。

通过分析上述燃油喷雾蒸发过程的模拟结果可知,本书建立的液滴运动相变双向耦合模型可以较好地拓展到燃油喷雾仿真计算当中,获得燃油喷雾过程中大量液滴的运动相变行为和参数变化规律,可以精确地捕捉两相作用的细节,得到更为精细的两相作用规律。同时,说明了模型的适用性较好,可以进一步进行拓展应用,以便进行更为细致的液滴和气相两相耦合作用模拟和研究。

5.3　本章小结

本章给出了液滴运动相变双向耦合模型的两个应用案例。

首先,模拟了安全壳喷淋系统基准实验工况中,喷淋容器内液滴喷淋运动相变过程,与实验结果吻合较好,相对误差在 ±15% 以内,验证了书中建立的有限空间内考虑影响域的液滴运动相变双向耦合模型的正确性;且本书建立的双向耦合模型与采用无穷远参数模型的对比结果显示,采用本书建立的双向耦合模型能够更为精确地反映液滴在气相流场中运动相变过程的局部参数变化情况,更精准地捕捉两相间的相互作用,获得大量液滴的参数变化细节。之后,对喷淋过程中流场、温度场以及浓度场进行分析,随着喷淋过程的进行,容器内的平均温度在开始一段时间内快速降低,之后变化逐渐减缓,并逐渐趋于平稳;压力和水蒸气质量分数在开始一段时间内快速升高,之后逐渐降低并趋于稳定;在喷淋过程中液滴直径逐渐减小,开始一段时间内液滴直径变化较缓慢,随着液滴不断向下运动,液滴直径减小速率越来越快;直径较大的液滴几乎沿着喷射方向呈直线运动,随着液滴蒸发过程的进行,液滴直径逐渐减小,液滴在径向方向有一定的展宽。

其次,研究了喷淋液滴半径、喷淋流量以及喷射位置对喷淋性能的影响,随着喷淋流量的增加,喷淋容器内的平均温度也相应降低;随着喷射位置展宽,喷射液滴可以更均匀地分布在喷淋容器中的径向范围内,与周围空气充分换热,降低周围空气的温度;喷淋液滴的半径太小,会使液滴完全蒸干;喷淋液滴的半径过大,会使液滴蒸发速率降低。在实际的安全壳喷淋系统的设计中,需要在径向方向设置多组喷嘴,适当增大喷淋流量,需要根据设计的参数条件选择合适的喷嘴,以便喷淋产生大小合适的喷淋液滴。

最后,将模型的应用范围进行拓展,模拟了燃油喷雾雾化和蒸发过程,得到了油滴运动蒸发过程的变化规律,给出了不同尺寸、不同温度的油滴的喷射运动形态、气相流场、温度场、蒸汽浓度场等变化细节,并分析了空燃比的变化规律,进一步验证了模型的适用性。

总体上,采用建立的考虑液滴对周围局部参数的影响以及局部参数对液滴影响的双向耦合模型,能够揭示液滴蒸发过程中其周围一定范围内气相的瞬态变化规律;能够更为全面地展示大量液滴同时运动相变过程中相互影响的细节,获得大量液滴实时的尺寸、速度、温度等参数,以及气相的温度、浓度、速度场等的瞬态变化;能够捕捉更为精细的两相耦合作用行为;对于揭示两相间的双向耦合作用具有重要意义,对于安全壳喷淋等涉及大量液滴运动相变过程的精确模拟具有实用价值,可以用于预测气液运动相变过程和行为,指导实际工程设计。

第6章 总结与展望

6.1 主 要 工 作

　　基于汽水分离器内蒸汽环境中,压差驱动液滴运动相变过程的物理现象和机理解释,构建了压力变化条件下静止液滴相变模型;忽略液滴对流场的影响、结合液滴三维运动模型,建立了液滴运动相变单向耦合模型;引入特征液滴思想,建立了多液滴运动相变模型,并应用到汽水分离器中研究了液滴相变和运动特性对分离性能的影响。接着,基于温差驱动液滴相变的机理,综合考虑液滴周围的局部流场、温度场和浓度场等参数,以及液滴在运动相变过程中对周围局部气相参数的影响,建立了有限空间内液滴运动相变双向耦合模型。通过分析单个液滴的蒸发特性,提出了液滴蒸发过程的影响域的概念,进而结合影响域半径的表达式,将液滴对气相流场作用的质量、动量、能量源等按照距离反比权重法加载在液滴周围影响域内的气相流场当中,建立了考虑影响域的液滴运动相变双向耦合模型,并应用到典型安全壳喷淋系统和定容弹的燃油喷雾系统中,分别对其运行性能和燃油喷雾蒸发过程进行了精确模拟仿真。本书主要工作如下。

　　(1) 基于压差驱动液滴相变机理,建立了多液滴运动相变单向耦合模型。在对汽水分离装置的相关结构以及运行状况和机理的调研基础上,首先对汽水分离装置中液滴被蒸汽携带着运动相变的现象进行了合理的物理描述,阐述了液滴在蒸汽环境中运动时由于压力变化导致相变的机理,指出压力变化条件下的液滴相变过程分为快速蒸发和热平衡蒸发两个阶段,进一步结合流动和传热相关理论建立了压力变化条件下静止单液滴相变模型;结合液滴三维运动模型,建立了单液滴运动相变模型,通过参数特性分析,给出了能够进行液滴蒸发所处阶段预判的液滴蒸发图谱,在计算之前便可以初步预估液滴蒸发处于哪种作用区,提前决定选择哪种模型进行液滴蒸发过程求解,提高计算效率;引入特征液滴思想,建立了液滴运动相变单向耦合模型;并与相关实验结果进行对比,显示出相对误差在 2% 以内,验证了模型的正确性。

（2）提出了离散两相流中液滴周围流场信息搜索的高效、高精度插值方法，并进行算法加速。采用欧拉-拉格朗日方法计算汽水分离器中液滴运动相变过程时，考虑到流场的特殊性，即靠近管道中央位置处的主流流场参数变化较小，而在壁面位置处变化较大，同时对比分析不同的插值格式的计算效率，提出了最近邻搜索算法与流场壁面网格加密结合的方法，其计算耗时仅仅是整体网格加密方法的 1/10，且精度较高，可以应用到汽水分离器中对液滴运动分离过程进行高效高精度的定位和计算，大大提高计算精度和求解速度。

（3）采用多液滴运动相变单向耦合模型研究了汽水分离装置的分离性能。将液滴运动相变单向耦合模型应用到经典波纹板以及 AP1000 汽水分离器中，研究汽水分离器的分离效率、压降等特性，揭示了压差驱动下液滴相变对分离性能的影响机理；研究表明，分离器实际运行过程中，液滴相变对分离效率的影响在 0.1％ 以下，可以忽略液滴相变对分离效率的影响；正常运行时，AP1000 汽水分离器出口蒸汽的相对湿度总体位于 $10^{-7} \sim 10^{-3}$，压降约为 10 kPa；下部重力分离空间起到一定的分离作用，初级旋叶分离器的分离效率可达到 95％ 以上，上部重力分离空间不会对液滴产生分离作用，但能够整合蒸汽流，起到减振降噪的作用；孔板会影响波纹板分离器的入口流速分布，影响波纹板的分离性能；二维简化模型与实际的三维模型的结果差别较大，更加准确的计算需要采用三维模型。

（4）基于温差驱动液滴相变机理，构建了多液滴运动相变双向耦合模型。通过分析单个液滴蒸发特性，提出了液滴蒸发过程的影响域的概念，通过大量工况计算，分析了影响域的影响因素，总结得到无量纲影响域半径的数学表达式；基于液滴定位和流场信息搜索算法，考虑液滴周围的气相参数，以及液滴运动相变过程中对周围局部气相参数的影响，结合影响域的尺寸，将液滴对气相流场的作用源按照距离反比权重方法加载到液滴周围影响域内的气相流场当中，建立了考虑影响域的液滴运动相变双向耦合模型；并与安全壳喷淋基准实验结果进行对比，显示出相对误差在 15％ 以内，验证了模型的正确性。

（5）多液滴运动相变双向耦合模型在安全壳喷淋系统和燃油喷雾过程中的应用。将多液滴运动相变双向耦合模型应用于压水堆核电站的安全壳喷淋系统中，模拟了大量液滴的喷淋过程，初步研究了安全壳喷淋系统的运行性能，精确分析了喷淋流量、液滴尺寸、喷嘴位置等参数对喷淋性能的影响；通过与已有方法对比表明，采用考虑液滴周围局部参数的模型，能够揭示液滴蒸发过程中其周围一定范围内气相的瞬态变化规律，捕捉更为精细的两相耦合作用行为，对于揭示两相间的双向耦合作用具有重要意义，可以用于预测气液运动的相变过程和行为，指导实际工程设计；将双向耦合模型应用于定容弹中燃油喷雾蒸发过程的模拟，精确分析了油滴喷雾蒸发特性，得到了油滴运动蒸发过程的变化规律，给出了不同尺寸、不同温度的油滴的喷射运动形态、气相流场、温度场、蒸汽浓度场等变化细节，并分析了空燃比的变化规律，拓展了模型的应用范围。

6.2　创　新　点

本书的主要创新点如下：

（1）建立了压力变化条件下多液滴运动相变单向耦合模型，揭示了压差驱动下的液滴相变机理，绘制了不同压力下的液滴蒸发图谱，并将模型成功应用于对汽水分离器的分离性能研究中，为分离器的优化设计提供了有效工具。

（2）提出了蒸发液滴的影响域概念，揭示了液滴蒸发过程中对周围气相流场的影响规律，给出了无量纲影响域半径随温差、液滴半径、蒸发时间、工作压力和空气湿度变化的定量表达式。

（3）建立了多液滴运动相变双向耦合模型，揭示了温差驱动下的液滴相变机理，将模型成功应用于安全壳喷淋系统运行性能仿真和定容弹中燃油喷雾蒸发过程模拟，为安全壳喷淋系统的优化设计提供了有效工具。

6.3　展　　望

本书为了揭示和掌握液滴运动相变机理、掌握汽水分离和安全壳喷淋系统中液滴运动相变过程和机制、开发液滴运动相变程序，基于现象描述和机理解释，建立了液滴在自身蒸汽中运动相变的单向耦合和液滴在空气中运动相变的双向耦合模型，并进行参数特性分析；进一步将其应用到汽水分离器分离性能研究、安全壳喷淋系统喷淋特性仿真、燃油喷雾蒸发过程模拟等液滴数量较多的实际工况中，验证了模型的正确性，拓展了模型适用性。在理论上和工程应用中具有一定的实用价值，但还有一些方面需要进一步完善。

（1）建立的液滴运动相变模型，考虑了液滴和周围气体之间的两相耦合作用，但是没有考虑液滴间的碰撞、液滴和壁面间的碰撞等作用，在后续研究中需要加以考虑，以便用于更准确的工程应用模拟。

（2）蒸发液滴的影响域概念是基于静止液滴提出的，只是提出了相关概念和水滴蒸发过程中的影响域半径表达式，考虑到液滴在实际蒸发过程中会发生流动的现象，可以进一步对影响域的相关理论和机理进行深入研究。

（3）本书主要基于理论分析、数值计算并采用现有文献中的实验结果进行对比验证，今后可以补充液滴在自身蒸汽中运动相变相关的实验研究，加深对液滴运动相变过程和机理的理解，并对理论模型进行完善。

附录 A 作用力系数

转矩系数 C_M 表达式为[62]

$$C_M = \begin{cases} 16\pi/\mathrm{Re}_\omega, & \mathrm{Re}_\omega < 1 \\ 16\pi/\mathrm{Re}_\omega + 0.041\,8\mathrm{Re}_\omega + 4\times10^{-5}\mathrm{Re}_\omega^3, & 1 \leqslant \mathrm{Re}_\omega < 10 \\ 5.32/\sqrt{\mathrm{Re}_\omega} + 37.2/\mathrm{Re}_\omega, & 10 \leqslant \mathrm{Re}_\omega < 20 \\ 6.44/\sqrt{\mathrm{Re}_\omega} + 32.2/\mathrm{Re}_\omega, & 20 \leqslant \mathrm{Re}_\omega < 50 \\ 6.45/\sqrt{\mathrm{Re}_\omega} + 32.1/\mathrm{Re}_\omega, & 50 \leqslant \mathrm{Re}_\omega < 4\times10^4 \end{cases}$$

(A.1)

式中,转动雷诺数为 $\mathrm{Re}_\omega = \rho_f |\omega - \boldsymbol{\Omega}/2| d^2/(4\mu_f)$。

曳力系数 C_D 表达式[33]为

$$C_D = \begin{cases} \dfrac{24}{\mathrm{Re}_d}\left(1 + \dfrac{1}{6}\mathrm{Re}_d^{2/3}\right), & \mathrm{Re}_d \leqslant 1\,000 \\ 0.44, & \mathrm{Re}_d > 1\,000 \end{cases}$$

(A.2)

式中,液滴雷诺数为 $\mathrm{Re}_d = \rho_f |\boldsymbol{u} - \boldsymbol{v}| d/\mu_f$。

Magnus 升力系数 C_{Ma} 为[81,118]

$$C_{Ma} = \begin{cases} 1, & \mathrm{Re}_d < 0.5 \\ 0.55, & 0.5 \leqslant \mathrm{Re}_d < 200 \\ \min(0.5, 0.25\mathrm{Re}_G/\mathrm{Re}_d), & 200 \leqslant \mathrm{Re}_d \end{cases}$$

(A.3)

式中,剪切雷诺数 $\mathrm{Re}_G = \rho_f |\boldsymbol{\Omega}| d^2/\mu_f$。

Saffman 升力系数 C_{Sa} 为[119]

$$C_{Sa} = \begin{cases} (1 - 0.331\,4\beta^{1/2})\exp(-\mathrm{Re}_d/10) + 0.331\,4\beta^{1/2}, & \mathrm{Re}_d < 40 \\ 0.052\,4(\beta\mathrm{Re}_d)^{1/2}, & \mathrm{Re}_d > 40 \end{cases}$$

(A.4)

式中,$\beta = \mathrm{Re}_G/\mathrm{Re}_d$。

附录 B　液滴半径概率密度分布对旋叶分离器效率的影响

AP1000 汽水分离器的入口液滴概率密度分布,尤其是液滴半径的分布,对汽水分离器(特别是主分离器)的分离效率会产生很大的影响。这是因为当分离器入口液滴的半径增加时,由于大液滴惯性较大,更容易被分离除去,因此可以使分离效率增加。因此,需要通过给定旋叶分离器不同的入口液滴半径分布,分析液滴半径概率密度函数对分离效率的影响。其他边界条件,如入口蒸汽流速、液滴速度等参数,与表 3.4 中的参数一致。初始给定的液滴半径概率密度分布如图 B.1 所示。需要指出的是这里的液滴半径分布呈高斯分布,$x \sim N(\mu, \sigma^2)$,其中,μ 是分布的平均值,σ 是标准差。

相应计算得到的不同入射液滴半径概率密度分布条件下的旋叶分离器的分离效率如图 B.2 所示,从图中可以看到,液滴半径分布对分离效率会产生很大的影响,进而影响分离器出口蒸汽的相对湿度,因此,在进行分离器分离性能研究时,需要确保分离器入口液滴概率密度分布合理、准确。

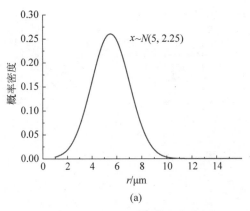

(a)

图 B.1　入口液滴的概率密度分布

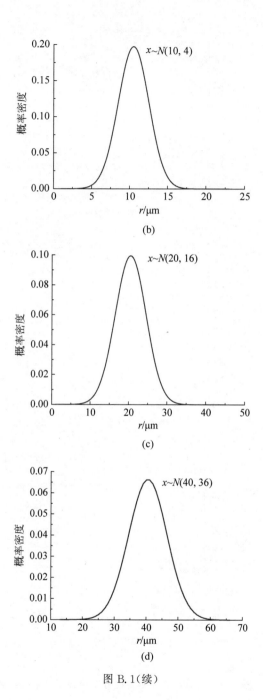

图 B.1（续）

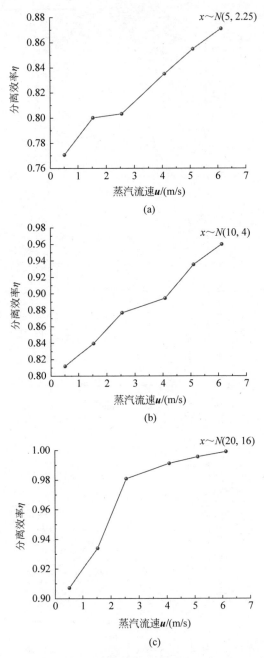

图 B.2 入口液滴概率密度分布对分离效率的影响

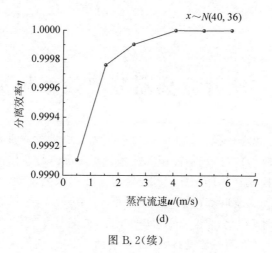

图 B.2（续）

附录 C　旋叶分离器分离效率与实验对比

　　为了更好地进行模型的验证,参考上海交通大学李亚洲[202]的硕士学位论文中的旋叶汽水分离器冷态实验系统和工况进行几何模型和流场数值计算,该几何模型在 AP1000 汽水分离器设计图纸的基础上按照 496:140 的比例进行缩小,旋叶筒内径为 140 mm,叶片厚度与 AP1000 汽水分离器相同,具体尺寸参考李亚洲[202]的实验工况,如图 C.1 所示。采用欧拉-拉格朗日方法进行气液两相流动计算,气相借助 Fluent 软件采用 Euler 方法计算,液相借助 C++平台通过自主编写的液滴运动相变模型进行模拟。采用 Solidworks 建立几何模型,通过 ANSYS 14.5 中的 ICEM 软件进行旋叶分离器的网格划分,利用 Fluent 软件计算流场,将 Fluent 软件计算得到的流场信息导入到自主编写的液滴运动相变程序 C++中进行液滴运动轨迹和相变特性的仿真,采用 Tecplot 软件进行结果后处理,得到液滴的运动轨迹、终端位置和湿度分布等信息。

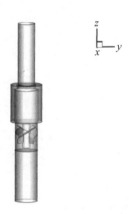

图 C.1　旋叶分离器试验装置计算模型

　　通过划分两组不同尺寸的网格进行网格无关性验证,其中第二组网格对旋叶和溢流环位置处的局部网格进行加密,得到的不同网格尺寸下的流动参数结果及相对误差如表 C.1 所示。

表 C.1　不同网格尺寸下的流动参数结果及相对误差

流 动 参 数	网格数 964 874	网格数 1 711 634	相对误差
进口速度/(m/s)	11.20	11.20	0.000%
最大速度/(m/s)	45.36	45.22	0.309%
出口速度/(m/s)	25.39	25.60	0.804%
进出口压降/Pa	1327.92	1335.56	0.575%

　　从表 C.1 中可以看到当网格数达到 100 万左右时,进出口速度、进出口压降以及最大速度等参数几乎不再随着网格数量的增加而增加,相对误差小于 1%,可以认为达到了网格无关性条件。另外,文献[202]中的计算最终验证的网格无关性数量为 140 万,与本书的计算结果基本一致。

　　计算工况与李亚洲[202]关于旋叶汽水分离器冷态实验的工况完全一致,运行工况参数和物性参数如表 C.2 所示,入口液滴的直径分布可参见文献[206]。

表 C.2　模型验证工况参数

压力 p/MPa	空气密度/ (kg/m³)	空气动力黏度/ Pa·s	液滴密度/ (kg/m³)	液滴黏度/ Pa·s
0.101 325	1.185	1.831×10^{-5}	998.2	1.006×10^{-3}

　　利用 Fluent 软件计算单相空气流场,对于湍流模型的选取,文献[202, 221]中采用雷诺应力模型(RSM),可以较为准确地模拟复杂结构,但是收敛性较差,经过对比测试,发现采用标准 k-epslion(2 eqn)获得的收敛性较好,壁面函数采用标准壁面函数,采用 SIMPLEC 算法进行求解,压力亚松弛因子和动量亚松弛因子分别调整为 0.5 和 0.2,其他的亚松弛因子保持默认,收敛残差设置为 10^{-4}。计算得到的流场速度云图和压力云图如图 C.2 所示。

　　从图 C.2 中可以看到靠近旋叶附近流场速度迅速增加,流场速度最大值出现在旋叶附近,这主要是由于在旋叶附近的流道处,另外在溢流环位置处由于管道结构变化,该处流场速度也较大。

　　液滴运动轨迹如图 C.3 所示。

　　计算得到的分离效率计算值与实验值对比结果如表 C.3 所示,相对误差非常小,符合较好,说明模型正确,方法可行。

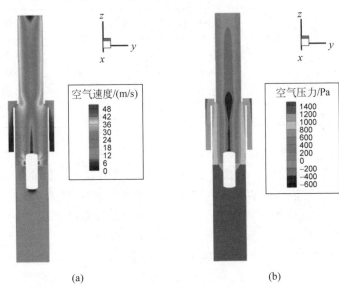

(a)　　　　　　　　　　(b)

图 C.2　速度云图和压力云图(见文后彩图)

(a) 速度云图；(b) 压力云图

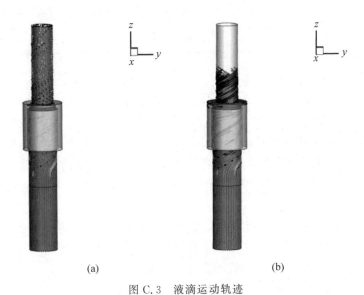

(a)　　　　　　　　　　(b)

图 C.3　液滴运动轨迹

(a) $r_0=1$ μm；(b) $r_0=2$ μm；(c) $r_0=3$ μm；(d) $r_0=5$ μm；(e) $r_0=20$ μm；(f) $r_0=100$ μm

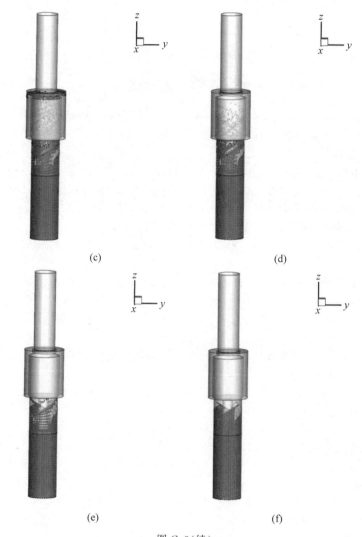

(c)　　　　　　(d)

(e)　　　　　　(f)

图 C.3(续)

表 C.3　分离效率计算值与实验对比

分离效率	实验值/%	计算值/%	本书计算值/%	相对误差/%
数值	99.11	100[222]	100(99.99)	0.898

注：液滴入口位置分为 1 224 组，尺寸分 238 组。

参 考 文 献

[1] 马超.自由液面单气泡破裂产生膜液滴现象实验与理论研究[D].北京:清华大学,2014.

[2] 习近平.决胜全面建成小康社会 夺取新时代中国特色社会主义伟大胜利——在中国共产党第十九次全国代表大会上的报告[R].北京:人民出版社,2017.

[3] 赵富龙,薄涵亮,刘潜峰.压力变化条件下静止液滴相变模型[J].清华大学学报(自然科学版),2016,56(7):759-764,771.

[4] 朱杰,张博平,杨森垓,等.国内压水堆核电厂安全壳喷淋试验的比较分析[J].核安全,2013,12(4):89-91.

[5] 李守恒,杨励丹,王振文,等.电站锅炉汽水分离装置的原理和设计[M].北京:水利电力出版社,1986:1-210.

[6] 丁训慎,崔保元,薛运煃,等.同心立式波纹板汽水分离器的试验研究[J].核动力工程,1984,5(01):22-28.

[7] 丁训慎,崔保元,薛运煃,等.立式蒸汽发生器汽水分离装置的试验研究[J].中国核科技报告,1988,(00):712-722.

[8] 沈长发,陈杏根,陈宝珍.秦山核电厂蒸汽发生器汽水分离装置的研制[J].核动力工程,1986,7(1):20-23.

[9] 陈杏根,沈长发,陈宝珍.秦山核电厂蒸汽发生器用一、二次分离器在空气-水试验台上的选型试验[J].核动力工程,1989,10(2):6-12.

[10] 刘世勋.压水堆立式蒸汽发生器中水滴重力分离的理论研究[J].核动力工程,1988,9(4):26-32.

[11] 薛运煃,刘世勋,解官道.带钩波纹板汽水分离器的试验研究[J].核动力工程,1989,10(2):13-18.

[12] 庞凤阁,于瑞侠,张志俭.波纹板汽水分离器的机理研究[J].核动力工程,1992,13(3):9-14.

[13] 于瑞侠,张志俭,庞凤阁.波纹板汽水分离器的实验研究[J].核动力工程,1992,13(6):21-25.

[14] 田瑞峰,张志俭,陈军亮,等.波纹板汽水分离器性能数值研究[J].核动力工程,2005,26(1):59-62,87.

[15] Saito Y, Aoyama G, Souma H, et al. Analysis of Droplet Behavior in BWR Separator[J]. Journal of Nuclear Science and Technology,1994,31(4):349-351.

[16] 吕以波,任阿宝,陈玉翔.新型高效汽水分离元件研究[J].热能动力工程,1995,

10(5)：306-309.

[17]　陈韶华,黄素逸,薛运奎,等.改进型带钩波纹板汽水分离器研究[J].华中理工大学学报,1997,25(1)：67-69.

[18]　陈韶华,黄素逸,赵绪新.波纹板汽水分离器汽水两相分离机理研究[J].华中理工大学学报,1998,26(S1)：6-8.

[19]　陈韶华,黄素逸.PWR 蒸汽发生器中一、二次汽水分离器加装挡水器研究[J].湖北大学学报(自然科学版),2001,23(3)：238-241.

[20]　潘朝群,邓先和,李志武.多级雾化超重力旋转床中液滴运动及三维模型[J].华南理工大学学报(自然科学版),2002,30(7)：44-48.

[21]　陈军亮,程慧平,薛运奎,等.百万千瓦级压水堆核电厂蒸汽发生器干燥器冷态试验研究[J].核动力工程,2006,27(2)：72-77.

[22]　陈军亮,薛运奎,王先元,等.百万千瓦级压水堆核电厂蒸汽发生器汽水分离装置热态验证试验[J].核动力工程,2006,27(3)：61-66.

[23]　黄伟,陈五星,张文其,等.蒸汽发生器一级汽水分离器两相流动数值模拟[J].核动力工程,2006,27(1)：76-79.

[24]　李嘉,黄素逸,王晓墨.波纹板汽-水分离器分离效率的实验研究[J].核动力工程,2007,28(3)：94-97,124.

[25]　Li J,Huang S,Wang X. Numerical Study of Steam-Water Separators with Wave-type Vanes[J]. Chinese Journal of Chemical Engineering,2007,15(4)：492-498.

[26]　李嘉,黄素逸,王晓墨,等.波纹板分离器的冷态实验研究[J].华中科技大学学报(自然科学版),2008,36(1)：112-114.

[27]　Yue D,Xu Y,Mahar R B,et al. Analytical solution of gravity separation model (GSM)：Separation of water droplets from vapor in submerged combustion evaporator[J]. Chemical Engineering Journal,2007,126(2-3)：171-180.

[28]　陈宝,李长坤,李周复.飞机结冰液滴运动特性的数值模拟研究[C].深圳,2007.

[29]　Eck M,Schmidt H,Eickhoff M,et al. Field Test of Water-Steam Separators for Direct Steam Generation in Parabolic Troughs[J]. Journal of Solar Energy Engineering,2008,130(1)：11002.

[30]　Kataoka H,Shinkai Y,Hosokawa S,et al. Swirling Annular Flow in a Steam Separator[J]. Journal of Engineering for Gas Turbines and Power,2009,131(3)：32904.

[31]　肖立春,李强,丁志江,等.汽水分离器分离效率的冷态实验研究[J].热能动力工程,2010,25(2)：177-179.

[32]　赵兴罡,李亚奇.稠油热采湿蒸汽汽水分离及等干度分配计量技术研究[J].内蒙古石油化工,2012(21)：113-116.

[33]　张谨奕.三维流场中单液滴运动模型和应用研究[D].北京：清华大学,2012.

[34]　李雨铮,刘潜峰,薄涵亮.基于大涡模拟的波纹板汽水分离器数值研究[J].原子能科学技术,2017,51(6)：988-993.

[35] Zhitlo A G, Khanin I M, Mizin V A. Efficiency of inertial and centrifugal separators[J]. Chemical and Petroleum Engineering, 1979, 15(4): 270-273.

[36] Nakao T, Sooma H, Kawasaki T, et al. Analysis of droplet behavior in a dryer with wave-type vanes[J]. Journal of Nuclear Science and Technology, 1993, 30(12): 1303-1305.

[37] Nakao T, Nagase M, Aoyama G, et al. Development of Simplified Wave-type Vane in BWR Steam Dryer and Assessment of Vane Droplet Removal Characteristics [J]. Journal of Nuclear Science and Technology, 1999, 36(5): 424-432.

[38] Mundo C, Sommerfeld M, Tropea C. Droplet-wall collisions: Experimental studies of the deformation and breakup process[J]. International Journal of Multiphase Flow, 1995, 21(2): 151-173.

[39] Qian J, Law C K. Regimes of coalescence and separation in droplet collision[J]. Journal of Fluid Mechanics, 1997, 331: 59-80.

[40] Cossali G E, Coghe A, Marengo M. The impact of a single drop on a wetted solid surface[J]. Experiments in Fluids, 1997, 22(6): 463-472.

[41] Samenfink W, Els Er A, Dullenkopf K, et al. Droplet interaction with shear-driven liquid films: analysis of deposition and secondary droplet characteristics[J]. International Journal of Heat and Fluid Flow, 1999, 20(5): 462-469.

[42] Francois M, Shyy W. Micro-scale drop dynamics for heat transfer enhancement [J]. Progress in Aerospace Sciences, 2002, 38(4-5): 275-304.

[43] Armster S Q, Delplanque J, Rein M, et al. Thermo-fluid mechanisms controlling droplet based materials processes[J]. International materials reviews, 2002, 47(6): 265-301.

[44] 徐光明, 舒朝晖, 陈文梅. 液-液水力旋流器中的液滴破碎[J]. 过滤与分离, 2003, 13(1): 10-13.

[45] 高彦栋, 王晓墨, 黄素逸. 用液滴碰壁模型对波纹板汽水分离器的模拟[J]. 华中科技大学学报(自然科学版), 2002, 30(2): 48-50.

[46] 王晓墨, 黄素逸. 单钩波纹板分离器的实验研究[J]. 华中科技大学学报(自然科学版), 2004, 32(12): 63-65.

[47] 王晓墨, 黄素逸. 新型高效汽水分离器的试验研究[J]. 工程热物理学报, 2005, 26(z1): 97-100.

[48] 王晓墨, 黄素逸. 汽水分离器中液滴的行为分析[J]. 工程热物理学报, 2006, 27(z1): 181-184.

[49] 李强, 蔡体敏, 何国强, 等. 液滴碰撞聚合模型及其在喷雾燃烧流场中的应用[J]. 推进技术, 2005, 26(5): 452-457.

[50] 李强, 蔡体敏, 何国强, 等. 液滴碰撞和聚合模型研究[J]. 应用数学和力学, 2006, 27(1): 60-66.

[51] 魏明锐, 文华, 刘永长, 等. 喷雾过程液滴碰撞模型研究[J]. 内燃机学报, 2005,

23(6)：518-523.

[52]　张辉亚,张煜盛,莫春兰,等.O'Rourke 模型的网格依赖性及其改进研究[J].内燃机学报,2006,24(2)：127-133.

[53]　刘华敏.粘性液滴的形成与沉积扩散的数值模拟[D].北京：北京工业大学,2007.

[54]　陈石,王辉,沈胜强,等.液滴振荡模型及与数值模拟的对比[J].物理学报,2013,62(20)：312-317.

[55]　刘红,解茂昭,贾明,等.单液滴碰撞不同尺寸等温壁面过程[J].江苏大学学报(自然科学版),2011,32(5)：533-539.

[56]　刘红,解茂昭,刘宏升,等.单液滴在多孔介质内碰壁过程的数值模拟[J].燃烧科学与技术,2011,17(4)：287-294.

[57]　贾小娟.液滴撞击液膜流动特性数值研究[D].大连：大连理工大学,2012.

[58]　张彬,韩强,袁小芳,等.液滴与水平壁面碰撞力的数值研究[J].西安交通大学学报,2013,47(9)：23-27.

[59]　夏盛勇,胡春波.三氧化二铝液滴对心碰撞直接数值模拟[J].应用数学和力学,2014,35(4)：377-388.

[60]　徐宝鹏,Wen Jennifer.一种基于粒子云概念的喷雾粒子碰撞模型[J].内燃机学报,2014,32(3)：216-222.

[61]　张帆,陈凤,薄涵亮.不同亲疏水表面液滴动力学行为实验研究[J].原子能科学技术,2015,49(21)：288-293.

[62]　张璜.多液滴运动和碰撞模型研究[D].北京：清华大学,2015.

[63]　赵富龙,赵陈儒,薄涵亮.单液滴运动相变模型[J].清华大学学报(自然科学版),2016,56(11)：1213-1219.

[64]　Zhao F,Zhao C,Bo H. Droplet phase change model and its application in wave-type vanes of steam generator[J]. Annals of Nuclear Energy,2018,111：176-187.

[65]　Zhao F, Liu Q, Bo H. Parameter Analysis of the Static Droplets Phase Transformation under the Pressure Variation Condition[C]. American Society of Mechanical Engineers,Charlotte,2016.

[66]　Zhao F,Zhao C,Bo H,et al. Influence of working pressure and pressure difference on static droplet evaporation characteristics[C]. American Society of Mechanical Engineers,Shanghai,2017.

[67]　叶晓丽,吴永重,李海冰.核电站安全壳喷淋系统布置设计[J].产业与科技论坛,2015(11)：69-70.

[68]　王琳,段永强,崔怀明.磷酸三钠在安全壳喷淋系统中的应用研究[J].核动力工程,2011,32(2)：137-140.

[69]　谭曙时,冷贵君,程旭,等.非能动安全壳冷却系统热工水力单项试验[J].核动力工程,2002,23(z1)：30-33.

[70]　侯涛,周忠秋.AP1000 安全壳喷淋环管冲洗试验[J].华东电力,2013,41(2)：

428-431.

[71] 郭建娣. 非能动安全壳冷却系统外部流场分析[D]. 哈尔滨: 哈尔滨工程大学, 2012.

[72] Malet J, Lemaitre P, Porcheron E, et al. Modelling of Sprays in Containment Applications: Results of the TOSQAN Spray Benchmark (Test 101)[C]. Proceedings of the First European Review Meeting on Severe Accident Research (ERSMAR-2005) Aix-en-Provence, 2015: 1-12.

[73] Malet J, Blumenfeld L, Arndt S, et al. Sprays in containment: Final results of the SARNET spray benchmark[J]. Nuclear Engineering and Design, 2011, 241(6): 2162-2171.

[74] Malet J, Parduba Z, Mimouni S, et al. Achievements of spray activities in nuclear reactor containments during the last decade[J]. Annals of Nuclear Energy, 2014, 74: 134-142.

[75] Malet J, Mimouni S, Manzini G, et al. Gas entrainment by one single French PWR spray, SARNET-2 spray benchmark[J]. Nuclear Engineering and Design, 2015, 282: 44-53.

[76] Porcheron E, Lemaitre P, Marchand D, et al. Experimental and numerical approaches of aerosol removal in spray conditions for containment application[J]. Nuclear Engineering and Design, 2010, 240(2): 336-343.

[77] Ding P, Liu Y, Wang B, et al. The homogeneous and Lagrangian tracking approaches of the spray simulation in the containment[J]. Annals of Nuclear Energy, 2017, 101: 203-214.

[78] Porcheron E, Lemaitre P, Nuboer A, et al. Experimental investigation in the TOSQAN facility of heat and mass transfers in a spray for containment application[J]. Nuclear Engineering and Design, 2007, 237(15-17): 1862-1871.

[79] Jain M, John B, Iyer K N, et al. Characterization of the full cone pressure swirl spray nozzles for the nuclear reactor containment spray system[J]. Nuclear Engineering and Design, 2014, 273: 131-142.

[80] Yuan K, Qie W Q, Tong L L, et al. Analysis on containment depressurization under severe accidents for a Chinese 1000 MWe NPP[J]. Progress in Nuclear Energy, 2013, 65: 8-14.

[81] Lemaitre P, Porcheron E. Study of heat and mass transfers in a spray for containment application: Analysis of the influence of the spray mass flow rate [J]. Nuclear Engineering and Design, 2009, 239(3): 541-550.

[82] 赵丹妮, 杨鹏, 李娟, 等. 压水堆核电厂安全壳喷淋环管水锤效应分析[J]. 热能动力工程, 2015, 30(2): 287-290.

[83] 尤伟, 邱林, 龙亮. ASTEC 程序对反应堆喷淋系统的模拟研究[C]. 北京, 2009, 1224-1230.

［84］　薛润泽.严重事故下安全壳喷淋系统仿真研究［D］.哈尔滨：哈尔滨工程大学,2009.

［85］　刘家磊,蔡琦,段孟强,等.核反应堆冷却剂丧失事故下喷淋液滴特性研究［J］.原子能科学技术,2014,(9)：1583-1588.

［86］　黄政.基于自然循环回路的非能动安全壳冷却系统数值模拟［J］.原子能科学技术,2014,48(Z1)：330-335.

［87］　侯炳旭,俞冀阳,钟先平,等.氢气复合器算例数值模拟结果的不确定性分析和敏感性分析［J］.核动力工程,2016,37(3)：80-86.

［88］　侯炳旭,俞冀阳,Sénéchal D,等.采用低马赫数方法对空气射流破坏氢气分层现象的数值模拟［J］.核动力工程,2015,36(6)：61-66.

［89］　侯炳旭,俞冀阳,江光明,等.基于 HYDRAGON 程序对安全壳壁面水蒸气冷凝现象的数值模拟［J］.核动力工程,2016,37(4)：81-86.

［90］　Yu Y,Wang S,Niu F,et al. Effect of Nu correlation uncertainty on safety margin for passive containment cooling system in AP1000［J］. Progress in Nuclear Energy,2015,79：1-7.

［91］　Xiao J,Travis J R,Royl P,et al. Three-dimensional all-speed CFD code for safety analysis of nuclear reactor containment：Status of GASFLOW parallelization, model development, validation and application［J］. Nuclear Engineering and Design,2016,301：290-310.

［92］　Wang X,Chang H,Corradini M,et al. Prediction of falling film evaporation on the AP1000 passive containment cooling system using ANSYS FLUENT code［J］. Annals of Nuclear Energy,2016,95：168-175.

［93］　Nichols B D,Mueller C,Necker G A,et al. GASFLOW：A Computational Fluid Dynamics Code for Gases, Aerosols, and Combustion, Volume 1：Theory and Computational Model［R］. Los Alamos National Laboratory,Los Alamos,1998：1-15.

［94］　Mimouni S,Lamy J S,Lavieville J, et al. Modelling of sprays in containment applications with A CMFD code［J］. Nuclear Engineering and Design, 2010, 240(9)：2260-2270.

［95］　Malet J,Porcheron E,Dumay F, et al. Code-experiment comparison on wall condensation tests in the presence of non-condensable gases—Numerical calculations for containment studies［J］. Nuclear Engineering and Design,2012, 253：98-113.

［96］　Babić M,Kljenak I,Mavko B. Simulations of TOSQAN containment spray tests with combined Eulerian CFD and droplet-tracking modelling［J］. Nuclear Engineering and Design,2009,239(4)：708-721.

［97］　曾作祥.传递过程原理［M］.上海：华东理工大学出版社,2013：1-26,272-295.

［98］　Erbil H Y. Evaporation of pure liquid sessile and spherical suspended drops：A review［J］. Advances in colloid and interface science,2012,170(1-2)：67-86.

[99] 王宝和,李群.单液滴蒸发研究的现状与展望[J].干燥技术与设备,2014,12(4):25-31.

[100] Yildirim Erbil H. Control of stain geometry by drop evaporation of surfactant containing dispersions[J]. Advances in Colloid and Interface Science,2015,222:215-290.

[101] 徐进良,陈听宽,陈宣政.水滴蒸发常数的研究[J].热能动力工程,1992,7(5):268-272.

[102] 苏凌宇.负压环境下燃料液滴蒸发过程的试验和理论研究[D].长沙:国防科学技术大学,2004.

[103] 苏凌宇,刘卫东.压力振荡环境下液滴非平衡蒸发过程的理论分析及试验研究[J].火箭推进,2009,35(5):1-7.

[104] 苏凌宇,于江飞,刘卫东.乙醇液滴蒸发过程对压力振荡动态响应的试验研究[J].推进技术,2009,30(3):286-291.

[105] 苏凌宇,刘卫东.低频压力振荡环境下静止液滴蒸发过程的准稳态模型[J].推进技术,2010,31(3):281-288.

[106] 孙凤贤,夏新林,沈淳,等.非等温液滴蒸发燃烧的传热传质特性[J].工程热物理学报,2010,31(8):1403-1406.

[107] 丁继贤,孙凤贤,姜任秋.对流条件下环境压力对液滴蒸发的影响研究[J].哈尔滨工程大学学报,2007,28(10):1104-1108.

[108] 金哲岩,胡晖.接触面温度对表面液滴蒸发过程的影响[J].同济大学学报(自然科学版),2012,40(3):495-498.

[109] 马力,仇性启,王健,等.单液滴蒸发影响因素实验研究[J].现代化工,2013,33(1):103-106.

[110] 马力,仇性启,王健,等.高温气流中液滴蒸发特性的研究[J].石油化工,2013,42(3):298-302.

[111] 段小龙,仇性启,马力,等.高温气流中双液滴蒸发过程实验研究[J].工业加热,2014,43(1):1-3,9.

[112] 高文忠,时亚茹,韩笑生,等.混合除湿盐溶液液滴闪蒸机理[J].化工学报,2012,63(11):3453-3459.

[113] 王遵敬.蒸发与凝结现象的分子动力学研究及实验[D].北京:清华大学,2002.

[114] 王遵敬,陈民,过增元.蒸发与凝结现象的分子动力学研究[J].西安交通大学学报,2001,35(11):1126-1130.

[115] Zhang Q,Bi Q,Wu J,et al. Experimental investigation on the rapid evaporation of high-pressure R113 liquid due to sudden depressurization[J]. International Journal of Heat and Mass Transfer,2013,61:646-653.

[116] Persad A H,Sefiane K,Ward C A. Source of Temperature and Pressure Pulsations during Sessile Droplet Evaporation into Multicomponent Atmospheres[J]. Langmuir the ACS journal of surfaces and colloids,2013,29

(43): 13239-13250.

[117] Grant G,Brenton J,Drysdale D. Fire suppression by water sprays[J]. Progress in Energy and Combustion Science,2000,26(2): 79-130.

[118] Zhou Z, Wang G, Chen B, et al. Evaluation of Evaporation Models for Single Moving Droplet with a High Evaporation Rate[J]. Powder Technology,2013, 240: 95-102.

[119] Liu L,Mi M. Theoretical Investigation on Rapid Evaporation of a Saline Droplet During Depressurization[J]. Microgravity Science and Technology,2014,25(5): 295-302.

[120] Liu L,Bi Q,Wang G. Rapid Solidification Process of a Water Droplet Due to Depressurization[J]. Microgravity Science and Technology, 2014, 25 (6): 327-334.

[121] Liu L,Bi Q,Liu W,et al. Experimental and Theoretical Investigation on Rapid Evaporation of Ethanol Droplets and Kerosene Droplets During Depressurization [J]. Microgravity Science and Technology,2011,23(1): 89-97.

[122] Liu L,Bi Q,Li H. Experimental investigation on flash evaporation of saltwater droplets released into vacuum[J]. Microgravity Science and Technology,2009,21 (1): 255-260.

[123] Liu L, Bi Q C, Wang G X. Dynamics of evaporation and cooling of a water droplet during the early stage of depressurization[C]. American Society of Mechanical Engineers,Lake Buena Vista,2009: 1-9.

[124] Abramzon B, Sazhin S. Convective vaporization of a fuel droplet with thermal radiation absorption[J]. Fuel,2006,85(1): 32-46.

[125] Nguyen T A H, Nguyen A V, Hampton M A, et al. Theoretical and experimental analysis of droplet evaporation on solid surfaces[J]. Chemical Engineering Science,2012,69(1): 522-529.

[126] Sazhin S S. Advanced models of fuel droplet heating and evaporation[J]. Progress in Energy and Combustion Science,2006,32(2): 162-214.

[127] Sazhin S S, Abdelghaffar W A, Krutitskii P A, et al. New approaches to numerical modelling of droplet transient heating and evaporation [J]. International Journal of Heat and Mass Transfer,2005,48(19-20): 4215-4228.

[128] Sazhin S S,Abdelghaffar W A,Sazhina E M,et al. Models for droplet transient heating: effects on droplet evaporation,ignition,and break-up[J]. International journal of thermal sciences,2005,44(7): 610-622.

[129] Sazhin S S,Gol'Dshtein V A,Heikal M R. A transient formulation of Newton's cooling law for spherical bodies[J]. Journal of heat transfer, 2001, 123 (1): 63-64.

[130] Sazhin S S,Kristyadi T,Abdelghaffar W A,et al. Models for fuel droplet heating

and evaporation: comparative analysis[J]. Fuel,2006,85(12): 1613-1630.

[131] Sazhin S S,Krutitskii P A,Abdelghaffar W A,et al. Transient heating of diesel fuel droplets[J]. International Journal of Heat and Mass Transfer,2004,47(14): 3327-3340.

[132] Sazhin S S,Krutitskii P A,Gusev I G,et al. Transient heating of an evaporating droplet[J]. International Journal of Heat and Mass Transfer, 2010, 53 (13): 2826-2836.

[133] Sazhin S S,Krutitskii P A,Gusev I G,et al. Transient heating of an evaporating droplet with presumed time evolution of its radius[J]. International Journal of Heat and Mass Transfer,2011,54(5): 1278-1288.

[134] Sazhin S S, Krutitskii P A, Martynov S B, et al. Transient heating of a semitransparent spherical body[J]. International journal of thermal sciences, 2007,46(5): 444-457.

[135] Zhang T. Study on Surface Tension and Evaporation Rate of Human Saliva, Saline,and Water Droplets[D]. Charlottesvill: West Virginia University,2011.

[136] 徐旭常,毛健雄,曹瑞良,等.燃烧理论与燃烧设备[M].北京：机械工业出版社，1990: 142-150.

[137] 王振国.液体火箭发动机燃烧过程建模与数值仿真[M].北京：国防工业出版社,2012: 70-107.

[138] Abianeh O S. Multi-component droplet evaporation model[D]. Huntsville: The University of Alabama in Huntsville,2011.

[139] Aggarwal S K, Shu Z, Mongia H, et al. Multicomponent fuel effects on the vaporization of a surrogate single-component fuel droplet [C]. 36th AIAA Aerospace Scienoe Meeting and Exhibit,Peno,1998: 1-18.

[140] Mitchell S L,Vynnycky M,Gusev I G,et al. An accurate numerical solution for the transient heating of an evaporating spherical droplet [J]. Applied Mathematics and Computation,2011,217(22): 9219-9233.

[141] Cole P R. Droplet evaporation in a quiescent, micro-gravity atmosphere[D]. Lansing: Michigan State University,2006.

[142] Semenov S,Starov V,Rubio R G,et al. Computer Simulations of Quasi-steady Evaporation of Sessile Liquid Droplets[M]. Springer,2011: 115-120.

[143] Linán A. Theory of Droplet Vaporization and Combustion[M]. Paris: Eyrolle, 1985: 73-103.

[144] Strotos G,Gavaises M,Theodorakakos A,et al. Numerical investigation of the evaporation of two-component droplets[J]. Fuel,2011,90(4): 1492-1507.

[145] Gopireddy S R,Gutheil E. Numerical simulation of evaporation and drying of a bi-component droplet[J]. International Journal of Heat and Mass Transfer, 2013,66: 404-411.

[146] 王超群,潘洞.增湿塔内雾化水滴蒸发的分析与计算[J].水泥·石灰,1995, (2):7-10.

[147] 殷金其,李葆萱,王克秀,等.固体火箭发动机液体喷射熄火过程中喷射液体的射流速度和液滴运动与蒸发[J].推进技术,1993,(2):22-27.

[148] 冉景煜,张志荣.不同物性液滴在低温烟气中的蒸发特性数值研究[J].中国电机工程学报,2010,30(26):62-68.

[149] Birouk M,G Kalp I. Current status of droplet evaporation in turbulent flows[J]. Progress in Energy and Combustion Science,2006,32(4):408-423.

[150] Abramzon B,Sirignano W A. Droplet vaporization model for spray combustion calculations[J]. International journal of heat and mass transfer,1989,32(9): 1605-1618.

[151] 沈军,蒋祖龄.雾化沉积快速凝固过程的计算机模拟:I.理论模型[J].金属学报,1994,30(8):B337.

[152] 沈军,崔成松,蒋祖龄,等.雾化沉积快速凝固过程的计算机模拟——Ⅱ.数值分析[J].金属学报,1994,30(20):342-349.

[153] 崔成松,蒋祖龄,沈军,等.雾化过程气体与金属雾滴的三维流动模型[J].金属学报,1994,30(19):294-300.

[154] 谭思超,赵富龙,李少丹,等.VOF模型界面传质与体积传质的转换方法[J].哈尔滨工程大学学报,2015,36(3):317-321.

[155] Tsuruta T,Tanaka H,Masuoka T. Condensation/evaporation coefficient and velocity distributions at liquid-vapor interface[J]. International Journal of Heat and Mass Transfer,1999,42(22):4107-4116.

[156] Eames I W,Marr N J,Sabir H. The evaporation coefficient of water:a review [J]. International Journal of Heat and Mass Transfer,1997,40(12):2963-2973.

[157] Marek R,Straub J. Analysis of the evaporation coefficient and the condensation coefficient of water[J]. International Journal of Heat and Mass Transfer,2001, 44(1):39-53.

[158] Berlemont A,Grancher M S,Gouesbet G. Heat and mass transfer coupling between vaporizing droplets and turbulence using a lagrangian approach[J]. International Journal of Heat and Mass Transfer,1995,38(16):3023-3034.

[159] Dombrovsky L A,Sazhin S S. A simplified non-isothermal model for droplet heating and evaporation [J]. International communications in heat and mass transfer,2003,30(6):787-796.

[160] 刘海军,龚时宏.喷灌水滴的蒸发研究[J].节水灌溉,2000,(2):16-19.

[161] Dushin V R,Kulchitskiy A V,Nerchenko V A,et al. Mathematical simulation for non-equilibrium droplet evaporation[J]. Acta Astronautica,2008,63(11-12): 1360-1371.

[162] Abou Al-Sood M M,Birouk M. Droplet heat and mass transfer in a turbulent hot

airstream[J]. International Journal of Heat and Mass Transfer,2008,51(5-6)：1313-1324.

[163] Bertoli C. A finite conductivity model for diesel spray evaporation computations [J]. International Journal of heat and fluid flow,1999,20(5)：552-561.

[164] Protheroe M D,Al-Jumaily A,Nates R J. Prediction of droplet evaporation characteristics of nebuliser based humidification and drug delivery devices[J]. International Journal of Heat and Mass Transfer,2013,60：772-780.

[165] Kristyadi T,Deprédurand V,Castanet G,et al. Monodisperse monocomponent fuel droplet heating and evaporation[J]. Fuel,2010,89(12)：3995-4001.

[166] Hallett W L H,Beauchamp-Kiss S. Evaporation of single droplets of ethanol-fuel oil mixtures[J]. Fuel,2010,89(9)：2496-2504.

[167] Ra Y,Reitz R D. A vaporization model for discrete multi-component fuel sprays [J]. International Journal of Multiphase Flow,2009,35(2)：101-117.

[168] Sazhin S S,Al Qubeissi M,Kolodnytska R,et al. Modelling of biodiesel fuel droplet heating and evaporation[J]. Fuel,2014,115：559-572.

[169] 张谨奕,薄涵亮.重力分离空间均匀流中液滴行为问题研究[J].原子能科学技术,2010,44(S1)：293-297.

[170] Zhao F,Zhao C,Bo H. Numerical investigation of the separation performance of full-scale AP1000 steam-water separator[J]. Annals of Nuclear Energy,2018,111：204-223.

[171] Zhao F,Bo H,Zhou Y,et al. A High Efficiency and Precision Interpolation Method for searching Fluid Field Information around Droplets in Sparse Two-phase Flow[C]. 17th International Topical Meeting on Nuclear Reactor Thermal Hydraulics (NURETH 17),Xi'an,2017.

[172] 赵富龙,薄涵亮.旋叶分离器中液滴运动相变特性分析[J].原子能科学技术,2017,51(12)：2183-2190.

[173] Malet J,Huang X. Influence of spray characteristics on local light gas mixing in nuclear containment reactor applications[J]. Computers & Fluids,2015,107：11-24.

[174] Frackowiak B,Lavergne G,Tropea C,et al. Numerical analysis of the interactions between evaporating droplets in a monodisperse stream [J]. International Journal of Heat and Mass Transfer,2010,53(7)：1392-1401.

[175] Castanet G,Lebouché M,Lemoine F. Heat and mass transfer of combusting monodisperse droplets in a linear stream[J]. International Journal of Heat and Mass Transfer,2005,48(16)：3261-3275.

[176] Castanet G,Perrin L,Caballina O,et al. Evaporation of closely-spaced interacting droplets arranged in a single row[J]. International Journal of Heat and Mass Transfer,2016,93：788-802.

[177] Sazhin S S. Modelling of fuel droplet heating and evaporation: Recent results and unsolved problems[J]. Fuel,2017,196: 69-101.

[178] Khatumria V C, Miller R S. Numerical simulation of a fuel droplet laden exothermic reacting mixing layer[J]. International Journal of Multiphase Flow, 2003,29(5): 771-794.

[179] Kim K H,Ko H,Kim K,et al. Analysis of water droplet evaporation in a gas turbine inlet fogging process[J]. Applied Thermal Engineering, 2012, 33-34: 62-69.

[180] Kryukov A P,Levashov V Y,Sazhin S S. Evaporation of diesel fuel droplets: kinetic versus hydrodynamic models[J]. International journal of heat and mass transfer,2004,47(12): 2541-2549.

[181] Log T. Water droplets evaporating on horizontal semi-infinite solids at room temperature[J]. Applied Thermal Engineering,2016,93: 214-222.

[182] Zhou Z,Li W,Chen B,et al. A 3rd-order polynomial temperature profile model for the heating and evaporation of moving droplets [J]. Applied Thermal Engineering,2017,110: 162-170.

[183] Bovand M,Rashidi S,Ahmadi G,et al. Effects of trap and reflect particle boundary conditions on particle transport and convective heat transfer for duct flow - A two-way coupling of Eulerian-Lagrangian model[J]. Applied Thermal Engineering,2016,108: 368-377.

[184] Wang Y,Rutland C J. Direct numerical simulation of turbulent flow with evaporating droplets at high temperature[J]. Heat and Mass Transfer. 2006, 42(12): 1103-1110.

[185] Mashayek F. Numerical investigation of reacting droplets in homogeneous shear turbulence[J]. Journal of Fluid Mechanics,2000,405: 1-36.

[186] Ferrand V,Bazile R,Borée J,et al. Gas-droplet turbulent velocity correlations and two-phase interaction in an axisymmetric jet laden with partly responsive droplets[J]. International Journal of Multiphase Flow,2003,29(2): 195-217.

[187] Zhang X,Shen C,Cheng P,et al. Response of subcritical evaporation of ethanol/ water Bi-component droplet to pressure oscillation[J]. Acta Astronautica,2016, 128: 229-236.

[188] He Y,Li X,Miao Z,et al. Two-phase modeling of mass transfer characteristics of a direct methanol fuel cell[J]. Applied Thermal Engineering,2009,29(10): 1998-2008.

[189] Zhao T S, Bi Q C. Co-current air-water two-phase flow patterns in vertical triangular microchannels[J]. International Journal of Multiphase Flow, 2001, 27(5): 765-782.

[190] Labowsky M. Calculation of the burning rates of interacting fuel droplets[J].

Combustion Science & Technology,1980,22(5-6)：217-226.

[191] Deprédurand V,Castanet G,Lemoine F. Heat and mass transfer in evaporating droplets in interaction：Influence of the fuel[J]. International Journal of Heat and Mass Transfer,2010,53(17)：3495-3502.

[192] Lewis E R. The effect of surface tension（Kelvin effect）on the equilibrium radius of a hygroscopic aqueous aerosol particle[J]. Journal of aerosol science, 2006,37(11)：1605-1617.

[193] 张兆顺,崔桂香.流体力学[M].北京：清华大学出版社,2006：229-240.

[194] 波林,普劳斯尼茨,奥康奈尔,等.气液物性估算手册[M].北京：化学工业出版社,2006：448-472.

[195] 赵凯璇,赵建福,陈淑玲,等.液滴真空闪蒸/冻结过程的热动力学研究[J].空间科学学报,2011,37(1)：57-62.

[196] 张璜,薄涵亮.三维空间液滴运动模型数值解法研究[J].原子能科学技术, 2014,48(5)：818-826.

[197] 孙冬璞,郝忠孝.基于 Voronoi 图的组最近邻查询[J].计算机研究与发展,2010, 47(7)：1244-1251.

[198] 郝强,周敏,郑红婵.基于边缘检测和四点插值细分的 SAR 图像去噪[J].计算机工程与应用,2014,50(11)：184-187.

[199] 李川,王有学,何晓玲,等.基于二维三次卷积插值算法的辛几何射线追踪[J]. 地球物理学报,2014,57(4)：1235-1240.

[200] 上官晋太.改进的三次卷积插值的减点数算法[J].山西大学学报（自然科学版）,2015,38(1)：79-84.

[201] 王福军.计算流体动力学分析：CFD 软件原理与应用[M].北京：清华大学出版社,2004：144-160.

[202] 李亚洲.旋叶汽水分离器冷态试验和数值分析研究[D].上海：上海交通大学,2013.

[203] 林诚格,郁祖盛,欧阳予.非能动安全先进核电厂 AP1000[M].北京：原子能出版社,2008.

[204] 李海军.岭澳核电站蒸汽发生器的运行特性分析[D].广州：华南理工大学,2012.

[205] 陈韶华,黄素逸,赵绪新.PWR 蒸汽发生器水滴重力分离研究[J].华中理工大学学报,1997,25(1)：70-72.

[206] Xiong Z,Lu M,Wang M,et al. Study on flow pattern and separation performance of air-water swirl-vane separator[J]. Annals of Nuclear Energy, 2014,63：138-145.

[207] Zhang H,Liu Q,Qin B,et al. Modeling droplet-laden flows in moisture separators using k-d trees[J]. Annals of Nuclear Energy,2015,75：452-461.

[208] 王国磊.室内燃气泄漏扩散规律的理论与实验研究[D].济南：山东建筑大

学,2011.

[209] 王亚冲,陈景鹏,崔村燕,等.受限空间内湍流模型对气体扩散仿真结果的影响
       [J].中国安全生产科学技术,2016,12(7):123-127.

[210] 马力,仇性启,崔运静,等.两组分液滴蒸发特性研究[J].工业加热,2014,
       43(1):13-16.

[211] 罗坤,樊建人,岑可法.液滴蒸发模型及其验证[C].中国工程热物理学会多项流
       2009年学术会议,乌鲁木齐,2009.

[212] Malet J,Bessiron M,Perrotin C. Modelling of water sump evaporation in a CFD
       code for nuclear containment studies[J]. Nuclear Engineering and Design,2011,
       241(5):1726-1735.

[213] Malet J,Degrees Du Lou O,Gelain T. Water evaporation over sump surface in
       nuclear containment studies: CFD and LP codes validation on TOSQAN tests
       [J]. Nuclear Engineering and Design,2013,263:395-405.

[214] Malet J,Lemaitre P,Porcheron E,et al. Water spray interaction with air-steam
       mixtures under containment spray conditions: experimental study in the
       TOSQAN facility [C]. NURETH-11,Avignon,2005.

[215] Malet J, Parduba Z. Experimental characterization of VVER-440 reactor
       containment type spray nozzle [J]. Atomization & Sprays, 2016, 26 (3):
       235-255.

[216] Babić M,Kljenak I,Leskovar M,et al. Simulation of TOSQAN 101 Containment
       Spray Test With Combined Eulerian CFD and Droplet-Tracking Modelling[C].
       Proceedings of the 16th International Conference on Nuclear Engineering,
       Orlando,2008:1-9.

[217] 周磊,解茂昭,贾明,等.高压燃油喷雾雾化与蒸发过程的大涡模拟[J].内燃机
       学报,2010,28(3):241-246.

[218] 周磊,解茂昭,贾明.燃油喷雾过程的大涡模拟研究[J].内燃机学报,2009,
       27(3):202-206.

[219] 曹晓辉,范秦寅,袁银男,等.关于喷雾流动蒸发燃烧的数值模拟研究[J].内燃
       机工程,2011,32(2):68-73.

[220] 罗坤,樊建人,岑可法.旋流喷雾燃烧的直接数值模拟[J].工程热物理学报,
       2010,31(12):2035-2037.

[221] Thundil Karuppa Raj R,Ganesan V. Study on the effect of various parameters on
       flow development behind vane swirlers[J]. International Journal of Thermal
       Sciences,2008,47(9):1204-1225.

[222] 李亚洲,熊珍琴,路铭超,等.旋叶汽水分离器试验和数值模拟研究[J].原子能
       科学技术,2014,48(1):43-48.

在学期间发表的学术论文

[1] **Zhao F**, Liu Q, Zhao C, et al. Influence region theory of the evaporating droplet [J]. International Journal of Heat and Mass Transfer, 2019, 129: 827-841. (SCI, 检索号: WOS: 000453113500070)

[2] **Zhao F**, Zhao C, Bo H. Droplet phase change model and its application in wave-type vanes of steam generator [J]. Annals of Nuclear Energy, 2018, 111: 176-187. (SCI 收录, 检索号: WOS: 000413877800017)

[3] **Zhao F**, Zhao C, Bo H. Numerical investigation of the separation performance of full-scale AP1000 steam-water separator [J]. Annals of Nuclear Energy, 2018, 111: 204-223. (SCI 收录, 检索号: WOS: 000413877800019)

[4] **Zhao F**, Liu Q, Yan X, et al. Droplet motion and phase change model with two-way coupling [J]. Journal of Thermal Science, 2019, 4: 1-8. (SCI: 00047374000022)

[5] **赵富龙**, 薄涵亮, 刘潜峰. 压力变化条件下静止液滴相变模型[J]. 清华大学学报(自然科学版), 2016, 56(7): 759-764, 771. (EI 收录, 检索号: 20163102669048)

[6] **赵富龙**, 赵陈儒, 薄涵亮. 单液滴运动相变模型[J]. 清华大学学报(自然科学版), 2016, 56(11): 1213-1219. (EI 收录, 检索号: 20164903092966)

[7] **赵富龙**, 薄涵亮. 旋叶分离器中液滴运动相变特性分析[J]. 原子能科学技术, 2017, 51(12): 2183-2190. (EI 收录, 检索号: 20183905863839)

[8] **Zhao F**, Liu Q, Bo H. Parameter Analysis of the Static Droplets Phase Transformation under the Pressure Variation Condition [C]. 24th International Conference on Nuclear Engineering, Charlotte, 2016. (EI 收录, 检索号: 20164703044638)

[9] **Zhao F**, Zhao C, Bo H, et al. Influence of working pressure and pressure difference on static droplet evaporation characteristics [C]. 25th International Conference on Nuclear Engineering, Shanghai, 2017. (EI 收录, 检索号: 20174404361159)

[10] **Zhao F**, Liu Q, Bo H. Stokes Number Analysis of the Moving Droplets in the Steam-Water Separator [C]. 26th International Conference on Nuclear Engineering, London, 2018. (EI 收录, 检索号: 20184606070310)

[11] **Zhao F**, Bo H, Zhou Y, et al. A High Efficiency and Precision Interpolation Method for searching Fluid Field Information around Droplets in Sparse Two-phase Flow [C]. 17th International Topical Meeting on Nuclear Reactor Thermal Hydraulics (NURETH 17), Xi'an, 2017. (EI 收录, 检索号: 20183505761612)

[12] **赵富龙**, 薄涵亮. 重力分离空间均匀流中液滴运动相变特性分析[C]. 第十九届全

国反应堆结构力学会议,北京,2016.

[13] **赵富龙**,薄涵亮.压力变化条件下静止液滴相变两种机制占比分析[C].北京核学会第十二届核应用技术学术交流会,上海,2016.

[14] Liu Q, **Zhao F**, Bo H. Numerical simulation of the head of the direct action solenoid valve under the high temperature condition[C]. 24th International Conference on Nuclear Engineering,Charlotte,2016.(EI 收录,检索号:20164703048726)

[15] 刘潜峰,**赵富龙**,薄涵亮,等.控制棒水压驱动系统水压缸参数特性分析[J].原子能科学技术,2015,49(z1):312-320.(EI 收录,检索号:20160401849284)

[16] 谭思超,**赵富龙**,李少丹,等.VOF 模型界面传质与体积传质的转换方法[J].哈尔滨工程大学学报,2015,36(3):317-321.(EI 收录,检索号:20151500737487)

致　谢

导师薄涵亮,亦恩师亦慈父,教吾成才,育我成人。余拜识恩师六载有余,忆往昔,恩师不吝赐教收吾为弟子,以身作则教吾做清华人,立清华志。开学伊始,恩师促膝长谈,言辞恳切,再三叮嘱扎实学课程,牢固打基础,科研方能如鱼得水。课程毕,研究始,初入科研,一切皆迷茫,恩师授吾调研之粗与细、泛和精,层层把关,循序渐进,终得汽水分离研究之概貌,获博士研究课题之名称,余喜出望外,对导师之钦佩不绝于心,对科研之兴趣油然而生。余常遇科研及生活之困阻,每与恩师倾诉,便立得解决之法,迷茫之感顿然消散,当即动力十足,一路向前披荆斩棘。有感于恩师之宽宥,吾时常犯错,其从不训斥,仅诲吾下次当注意;有感于恩师之慷慨,吾得有远赴国内外交流之机会,向诸多名人雅士学习,开阔吾之视野,拓展吾之学识,增强余之科研能力,助吾之成长成才;有感于恩师之热肠,吾出国学习与就业谋职之时,导师倾力相助,为吾奔波劳碌。光阴荏苒,五载之时光如白驹过隙,薄恩师对吾赏识有加,以其所学所知倾囊相授,其胸怀之宽广,为人之热情,科研之严谨,无一不令吾五体投地,皆可倾吾一生之时光以学习。导师之恩情,吾不胜感激,无以为报,谨以此文致谢,聊表感激,日后定当以恩师为表率,倾此生之力,为科研尽绵薄之力,以报恩师教育之恩。

科研生活之中,困难常有,疑惑不断,承蒙科室良师答疑解惑。刘潜峰老师科研事业双管齐下,时常教吾为人处世之道理;秦本科老师研究工作事无巨细,不吝赐教宝贵意见常提;赵陈儒老师科研作风严谨一丝不苟,传授科技论文写作心得;王金华老师不辞辛苦事必躬亲,工作悉数告知无一遗漏;黄志勇老师、刁兴中老师、李天津老师、陈凤老师、闫贺老师、聂君锋老师及李悦老师等皆良师益友,组会汇报之际常提金玉良言。科室之外,亦蒙受哈军工谭思超教授之鼎力相助,其乃吾本科之导师,亦吾科研之启蒙导师,为人为学皆吾之榜样。学生工作之中,承蒙社工导师刘沣漪老师谆谆教导,刘老师思维之睿智,处事方式之理性,胸襟之宽广,关怀之无微不至,授吾以学生工作之渔。诸位良师乃学生之恩师,亦鄙人之益友,促吾成长,感激涕零。

五载科研路，一世师门情。师姐张谨奕及师兄马超科研上答疑解惑不厌其烦，生活中关心备至细致入微；师兄张璜、张帆、李雨铮、孙新明、张鹤、王冰与李朋君科研中屡屡予我出谋划策；师妹杜静宇及周毓佳生活中帮助面面俱到，科研中亦帮吾解决软件使用之难题；师弟胡广、何晓强、李建新及蒋骏飞有问必答，帮吾解决生活之困难；科研之奇才颜笑，同窗好友，难得知己，屡屡助吾搞科研，时时帮余改文章，常常为吾解难题，频频为余排烦忧，求学之中得此挚友，无遗憾矣。诸位同门之情，余铭记于心，不曾忘怀。

寒门之子，经年累月求学千里之外，动力之源泉，皆自吾父吾母吾姐之鼎力支持，乌鸦反哺羊跪乳，家人之恩情吾此生难以为报，唯有兢兢业业自强不息，为汝争光争气，不负汝之殷切期望。余本农民之子，贤妻周娅不弃吾鄙陋，伴吾求学，促余奋进，教吾处事，不曾有怨，无她便无今日顺利之毕业，得之即获无限之动力，此刻毕业，吾定当与其相敬如宾，相濡以沫，以叙感激之衷肠。

余生平好结善友，亦承蒙诸多亲朋相助，虑及承受恩惠之多，数不胜数，恐无法一一列出，值此一并聊表心意，感激不尽。

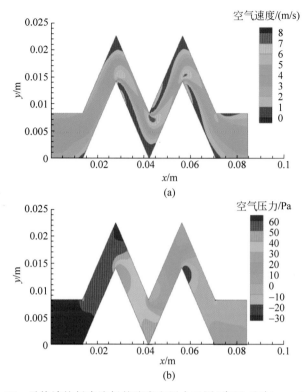

图 2.17　无钩波纹板中流场的速度和压力云图(常压、空气、u = 3 m/s)

(a) 速度云图; (b) 压力云图

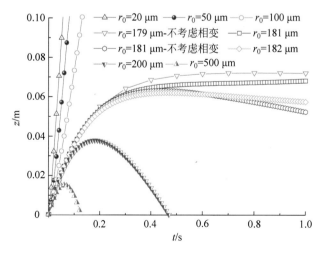

图 2.20　液滴初始半径对液滴位移的影响

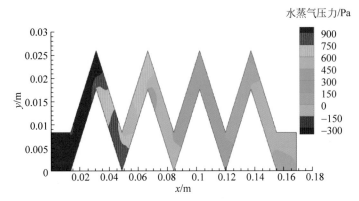

图 3.3 4 波波纹板的压力云图(常压、水蒸气、$u = 12$ m/s)

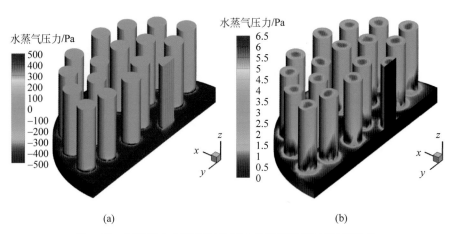

(a)　　　　　　　　　　　　　　(b)

图 3.15　下部重力分离空间的压力云图和速度云图(工况 8)

(a) 压力云图；(b) 速度云图

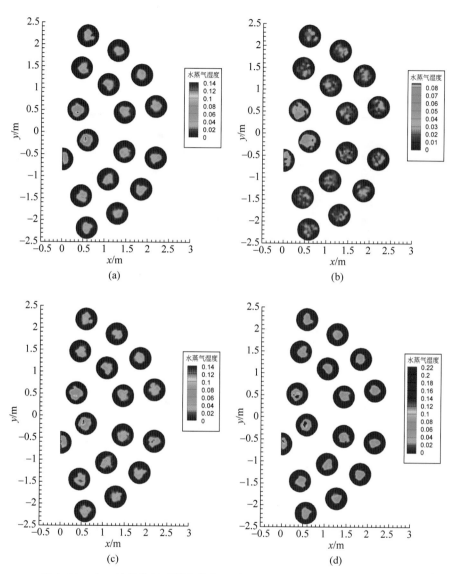

图 3.22 出口处蒸汽相对湿度分布云图(工况 8,入口蒸汽相对湿度 5%)

(a) 实际入射液滴;(b) 入射液滴半径全部为 50 μm;(c) 入射液滴半径全部为 120 μm;
(d) 入射液滴半径全部为 180 μm

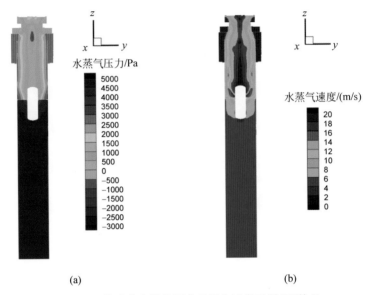

(a)   (b)

图 3.25　旋叶分离器的压力云图和速度云图（工况 8）

（a）压力云图；（b）速度云图

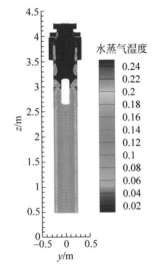

图 3.31　y-z 截面蒸汽相对湿度云图（工况 8，入口蒸汽相对湿度 10%）

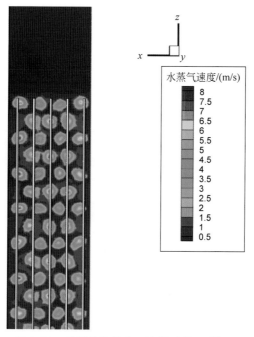

图 3.33　孔板组件的出口速度云图(工况 8)

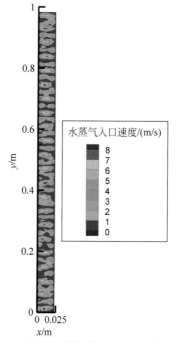

图 3.34　波纹板分离器的入口速度云图(工况 8)

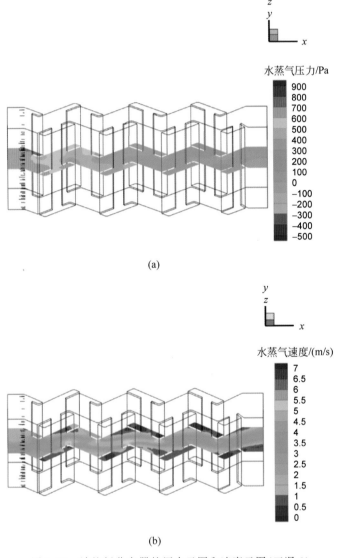

图 3.35　波纹板分离器的压力云图和速度云图(工况 8)

(a) 压力云图; (b) 速度云图

二氧化碳体积分数

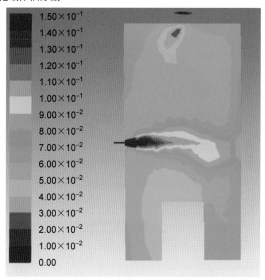

	1.50×10^{-1}
	1.40×10^{-1}
	1.30×10^{-1}
	1.20×10^{-1}
	1.10×10^{-1}
	1.00×10^{-1}
	9.00×10^{-2}
	8.00×10^{-2}
	7.00×10^{-2}
	6.00×10^{-2}
	5.00×10^{-2}
	4.00×10^{-2}
	3.00×10^{-2}
	2.00×10^{-2}
	1.00×10^{-2}
	0.00

图 4.7   10 s 时 $z=0.65$ m 截面二氧化碳体积分数分布图

压力出口

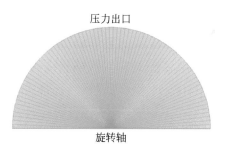

旋转轴

图 4.8   计算几何模型和网格划分(二维轴旋转 Axisymmetric)

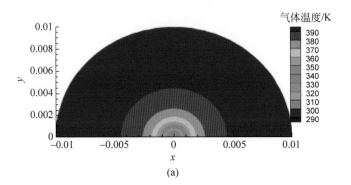

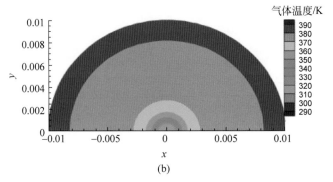

图 4.10 液滴蒸发过程中的温度场变化

(a) $t=1$ s；(b) $t=4$ s

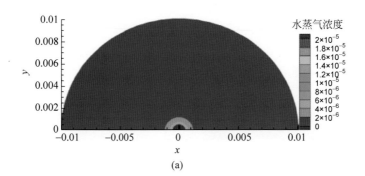

(a)

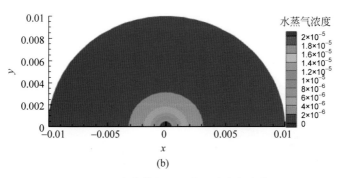

(b)

图 4.11　液滴蒸发过程中的浓度场变化

(a) $t=1$ s；(b) $t=4$ s

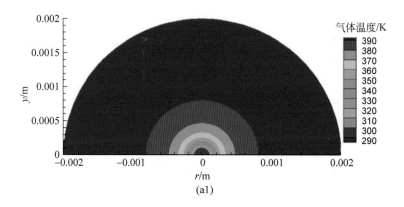

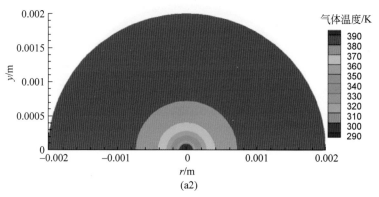

图 4.12　不同空间半径与液滴半径比值时的温度分布云图

(a1) 空间-液滴比 20, $t=1$ s; (a2) 空间-液滴比 20, $t=2$ s; (b1) 空间-液滴比 40, $t=1$ s;
(b2) 空间-液滴比 40, $t=2$ s; (c1) 空间-液滴比 60, $t=1$ s; (c2) 空间-液滴比 60, $t=2$ s;
(d1) 空间-液滴比 80, $t=1$ s; (d2) 空间-液滴比 80, $t=2$ s

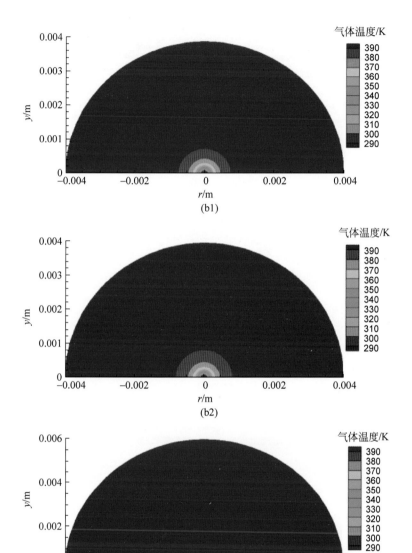

图 4.12（续）

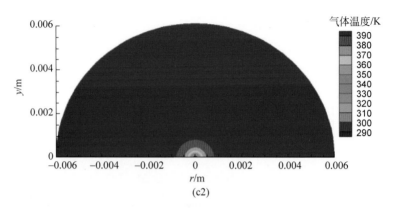

(c2)

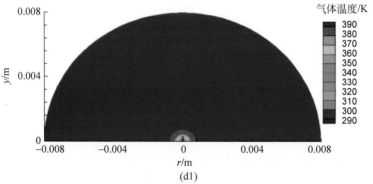

(d1)

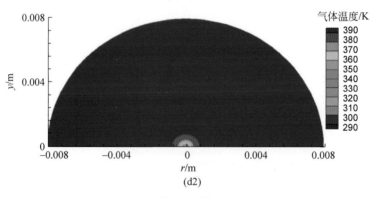

(d2)

图 4.12（续）

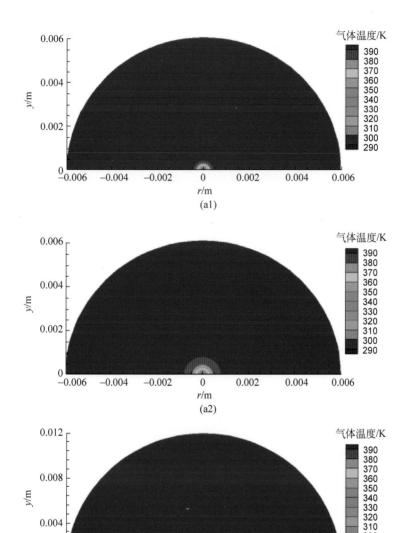

图 4.13　不同液滴初始半径时的温度分布云图(工况 2)

(a1) $r_0 = 100\ \mu\mathrm{m}, t = 0.05\ \mathrm{s}$; (a2) $r_0 = 100\ \mu\mathrm{m}, t = 2\ \mathrm{s}$; (b1) $r_0 = 200\ \mu\mathrm{m}, t = 0.05\ \mathrm{s}$;

(b2) $r_0 = 200\ \mu\mathrm{m}, t = 2\ \mathrm{s}$; (c1) $r_0 = 600\ \mu\mathrm{m}, t = 0.05\ \mathrm{s}$; (c2) $r_0 = 600\ \mu\mathrm{m}, t = 2\ \mathrm{s}$;

(c3) $r_0 = 600\ \mu\mathrm{m}, t = 10\ \mathrm{s}$; (c4) $r_0 = 600\ \mu\mathrm{m}, t = 20\ \mathrm{s}$

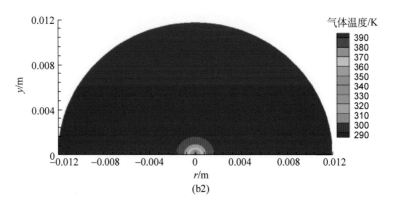

(b2)

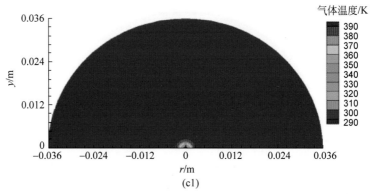

(c1)

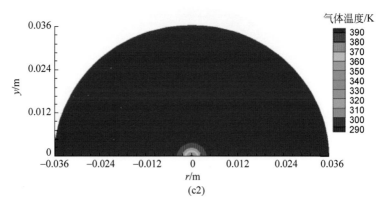

(c2)

图 4.13（续）

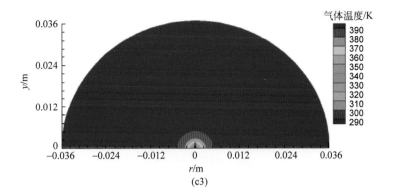

(c3)

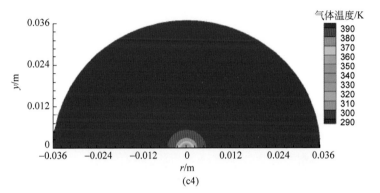

(c4)

图 4.13(续)

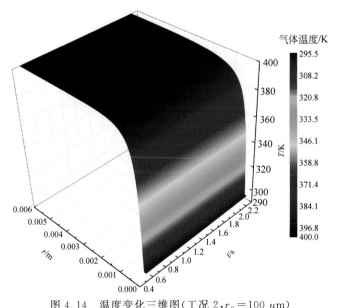

图 4.14　温度变化三维图(工况 2,r_0=100 μm)

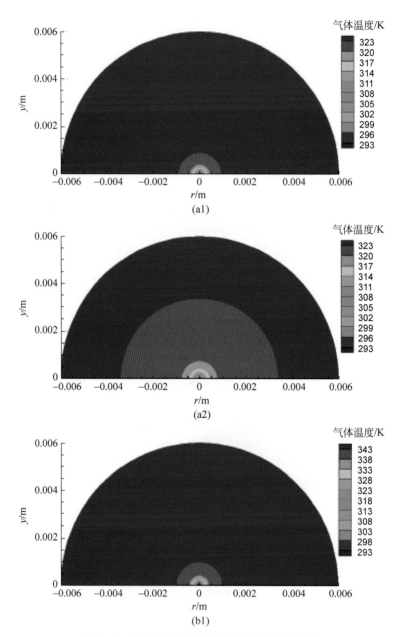

图 4.22　不同温差下的温度分布云图(工况 3)

(a1) $\Delta T = 30$ K，$t = 0.05$ s；(a2) $\Delta T = 30$ K，$t = 2$ s；(b1) $\Delta T = 50$ K，$t = 0.05$ s；
(b2) $\Delta T = 50$ K，$t = 2$ s；(c1) $\Delta T = 80$ K，$t = 0.05$ s；(c2) $\Delta T = 80$ K，$t = 2$ s；
(d1) $\Delta T = 106.85$ K，$t = 0.05$ s；(d2) $\Delta T = 106.85$ K，$t = 2$ s

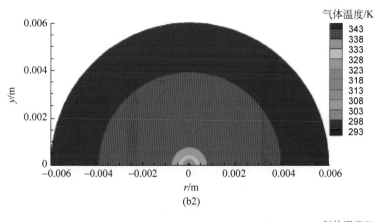

(b2)

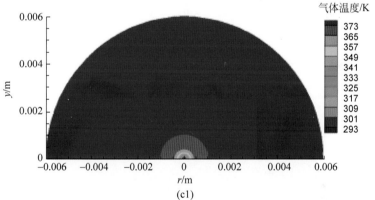

(c1)

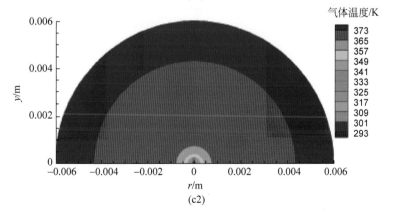

(c2)

图 4.22(续)

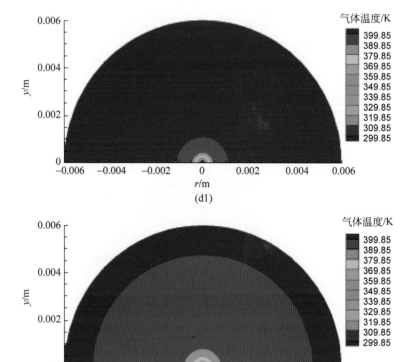

图 4.22(续)

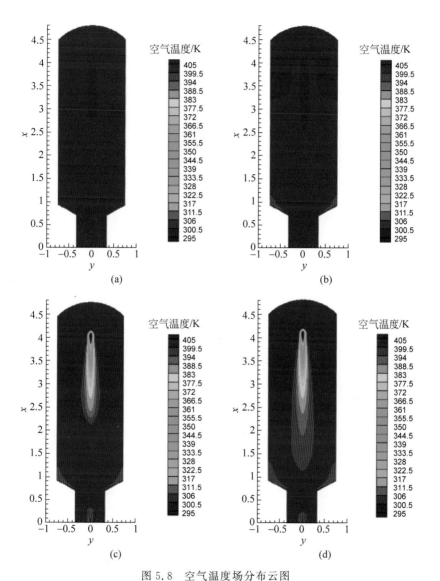

图 5.8 空气温度场分布云图

(a) 1 s；(b) 10 s；(c) 100 s；(d) 500 s；(e) 800 s；(f) 1000 s；(g) 1200 s；
(h) 1300 s；(i) 1400 s；(j) 1500 s

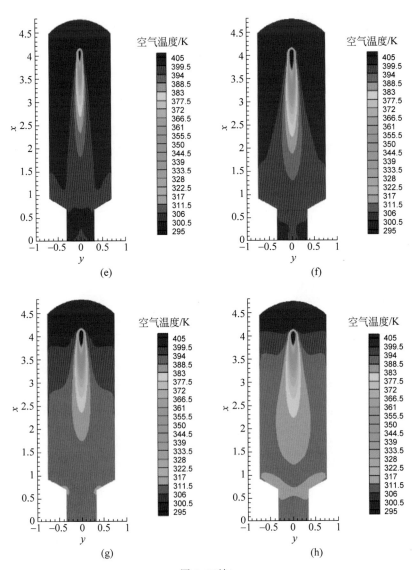

图 5.8(续)

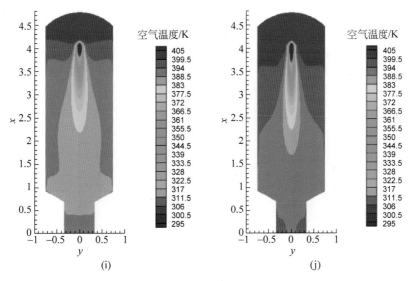

图 5.8(续)

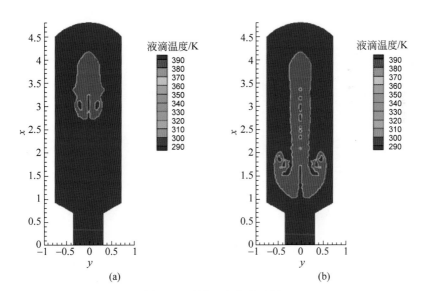

图 5.9　液滴温度分布云图

（a）1 s；（b）10 s；（c）100 s；（d）200 s；（e）1000 s；（f）1500 s

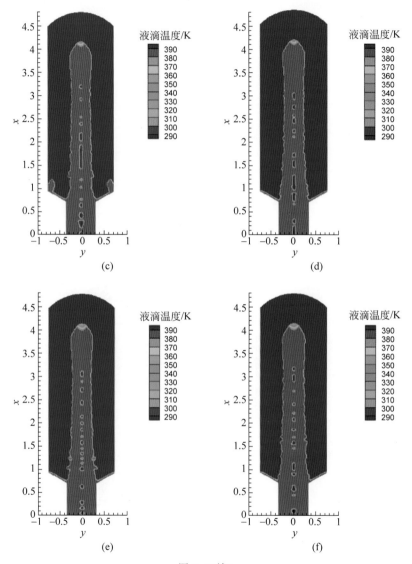

图 5.9(续)

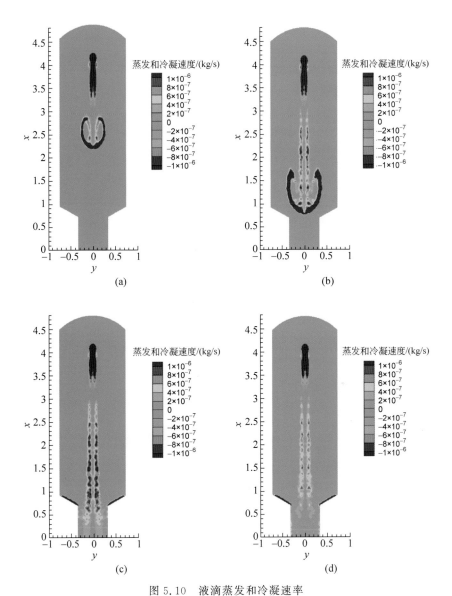

图 5.10　液滴蒸发和冷凝速率

(a) 1 s；(b) 10 s；(c) 100 s；(d) 500 s；(e) 800 s；(f) 1000 s；(g) 1200 s；(h) 1500 s

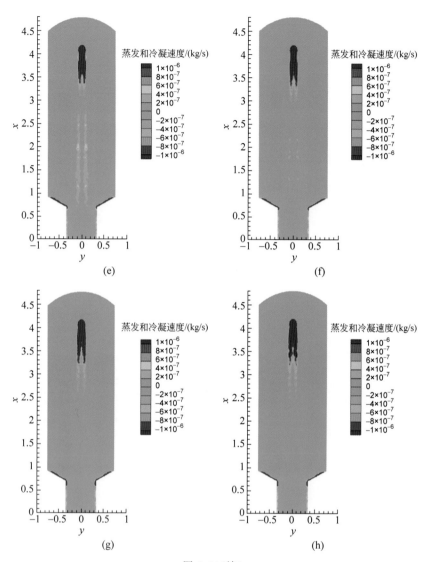

图 5.10(续)

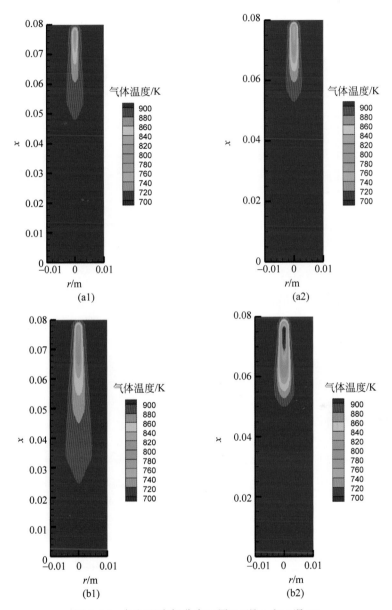

图 5.19　气相温度场分布云图(工况 1 和工况 3)

标号为"1"即左侧一栏为工况 1 的结果,标号为"2"即右侧一栏为工况 3 的结果,下同

(a1) 0.5 ms；(a2) 0.5 ms；(b1) 1 ms；(b2) 1 ms；(c1) 1.5 ms；(c2) 1.5 ms；

(d1) 2 ms；(d2) 2 ms

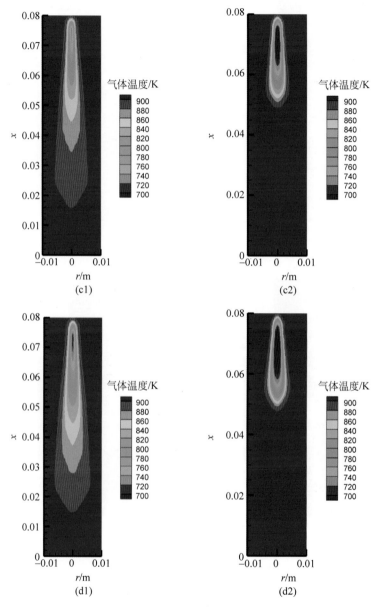

图 5.19（续）

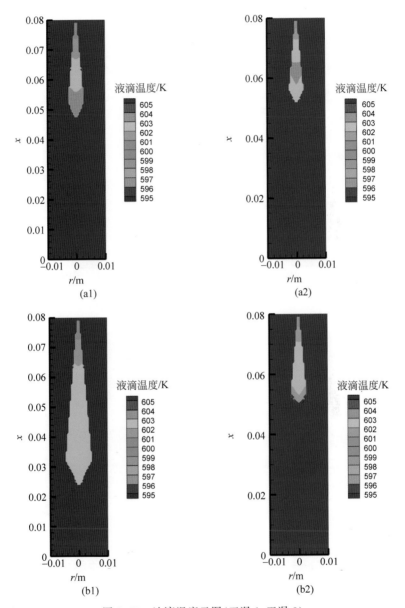

图 5.20　油滴温度云图(工况 1、工况 3)

(a1) 0.5 ms；(a2) 0.5 ms；(b1) 1 ms；(b2) 1 ms；(c1) 1.5 ms；

(c2) 1.5 ms；(d1) 2 ms；(d2) 2 ms

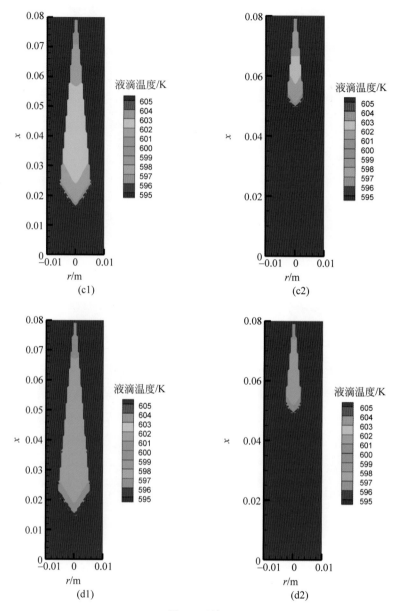

图 5.20(续)

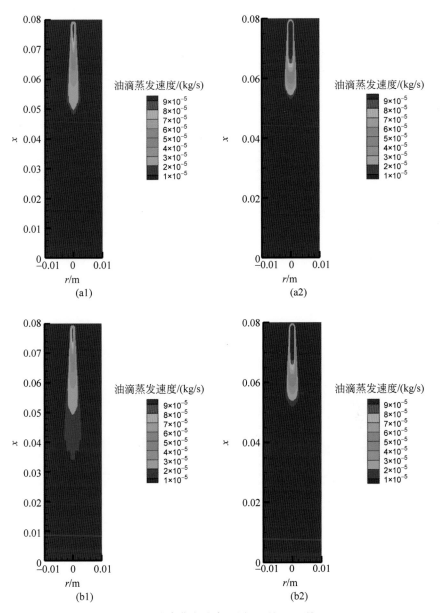

图 5.21　油滴蒸发速率云图（工况 1、工况 3）

(a1) 0.5 ms；(a2) 0.5 ms；(b1) 1 ms；(b2) 1 ms；(c1) 1.5 ms；

(c2) 1.5 ms；(d1) 2 ms；(d2) 2 ms

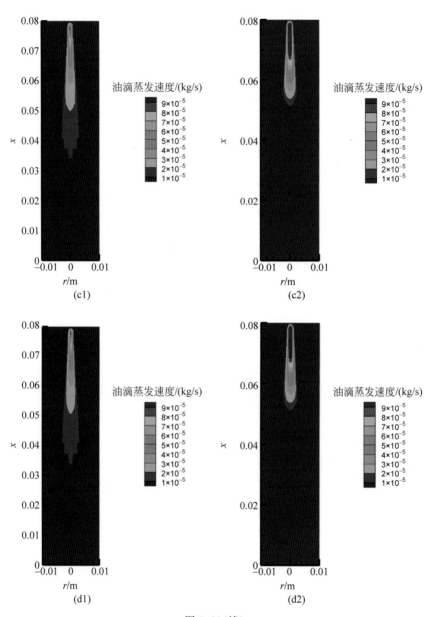

图 5.21(续)

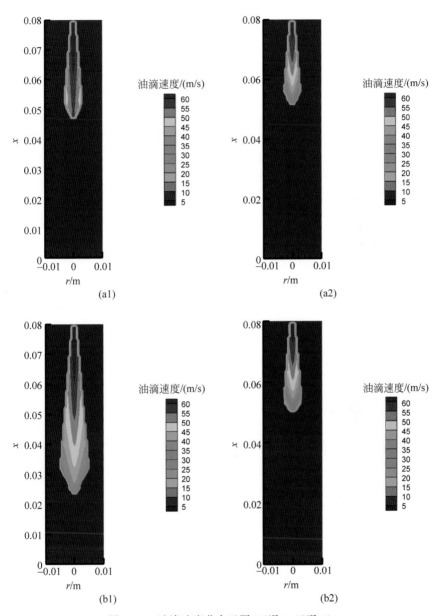

图 5.22　油滴速度分布云图(工况 1、工况 3)

(a1) 0.5 ms；(a2) 0.5 ms；(b1) 1 ms；(b2) 1 ms；(cl) 1.5 ms；(c2) 1.5 ms；(dl) 2 ms；(d2) 2 ms

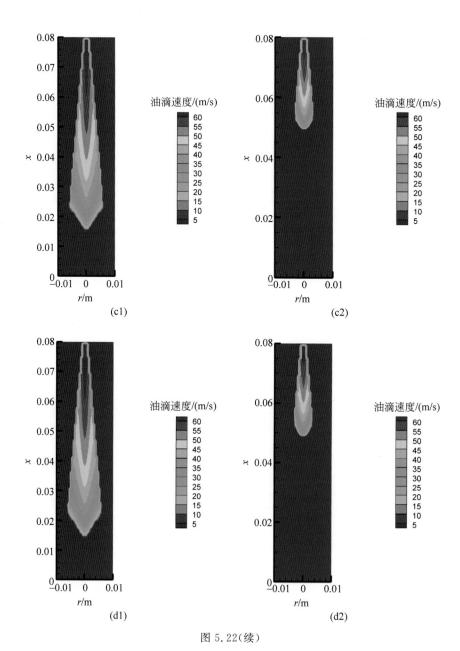

图 5.22(续)

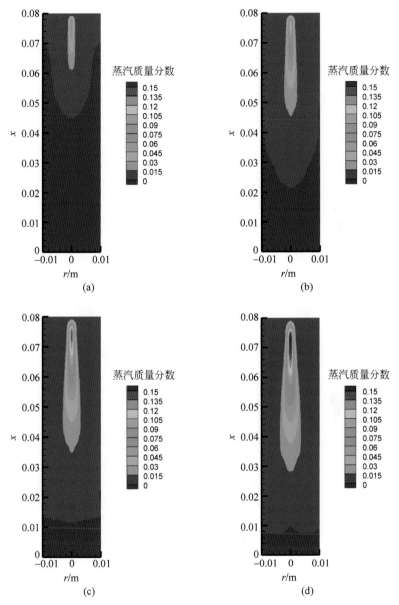

图 5.24　十四烷油滴蒸汽质量分数云图(工况 1)

(a) 0.5 ms；(b) 1 ms；(c) 1.5 ms；(d) 2 ms

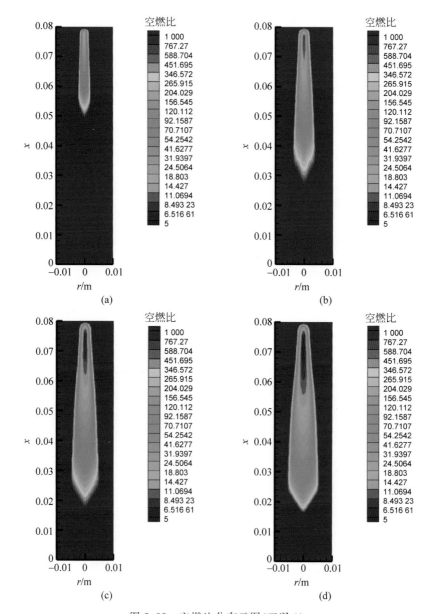

图 5.25　空燃比分布云图(工况 1)

(a) 0.5 ms；(b) 1 ms；(c) 1.5 ms；(d) 2 ms

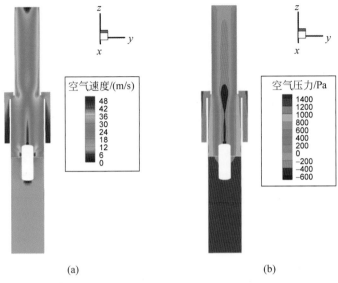

图 C.2 速度云图和压力云图

（a）速度云图；（b）压力云图